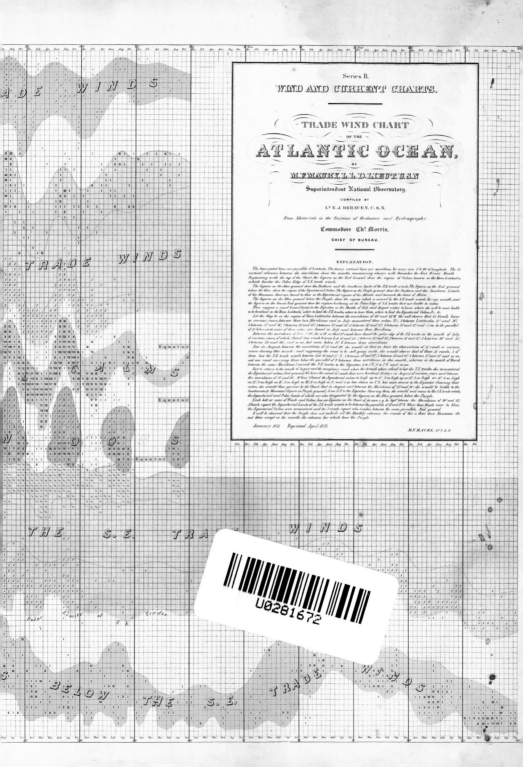

从云图图集到气候变化

气象学史上的 100 个里程碑

［美］安德鲁·雷夫金　丽莎·梅查莉　著　王凯　译

气象之书

重庆大学出版社

"终于有人为气象学做点儿什么了！安德鲁·雷夫金和丽莎·梅查莉带来了一本引人入胜的书，它讲述天气如何形成以及我们应当如何应对、如何利用，甚至如何塑造天气。书中的 100 个精彩纷呈的故事不仅非常有趣，还予人以启迪。阅读这些故事就像看到乌云散去、太阳重现一般让人心情舒畅。"

——艾伦·艾尔达（Alan Alda），《科学美国前沿》（Scientific American Frontiers）的资深主持人，石溪大学（Stony Brook University）艾伦·艾尔达科学传播中心的创始人

"《气象之书》信息丰富，让人读起来一发不可收拾，它从不刻板地说教，而是用精彩的故事讲述了关于人类与地球气候之间的、不断发展演变的关系。"

——纳撒尼尔·菲尔布里克（Nathaniel Philbrick），美国国家图书奖（National Book Award）作品《海洋深处：埃塞克斯号捕鲸船罹难记》（In the Heart of the Sea: The Tragedy of the Whaleship Essex）的作者

"《气象之书》是一本如同礼物般的好书,内容丰富,引人入胜。"

——伊丽莎白·科尔伯特(Elizabeth Kolbert),普利策奖作品《大灭绝时代》(*The Sixth Extinction*)的作者

"这是一本薄薄的书,却举重若轻地讲述了一个重要的主题。《气象之书》有着非常庞大的出场阵容,从亚历山大·冯·洪堡(Alexander von Humboldt)和'雪花人'本特利(Bentley)到《科学怪人》(*Frankenstein's Monster*)和《农夫年鉴》(*Farmer's Almanac*)的编辑。'本杰明·富兰克林(Benjamin Franklin)骑着马跟在一阵巨大的尘卷风后面,他挥动着马鞭抽打着尘卷风,看看是否可以阻止它的前进,这不禁让他的同伴们目瞪口呆',书中描述这一个场景到现在仍然让我记忆犹新。"

——查尔斯·C.曼恩(Charles C. Mann),畅销书《1491:前哥伦布时代美洲启示录》(*1491: New Revelations of the Americas Before Columbus and The Wizard and the Prophet*)的作者

安德鲁·雷夫金 其他作品:

《燃烧的季节:奇科·门德斯谋杀案与亚马孙雨林之战》(*The Burning Season: The Murder of Chico Mendes and the Fight for the Amazon Rain Forest*)

《全球变暖:预测》(*Global Warming: Understanding the Forecast*)

《这里曾是北极:世界顶端的疑惑和危难》(*The North Pole Was Here: Puzzles and Perils at the Top of the World*)

谨以此书献给我们的儿子——丹尼尔和杰克

目 录

序　言

这是一部人类与地球气候系统的发展关系的编年史，记录了气象学史上的100个精彩瞬间，这些瞬间展示了人类对发生在地球上的异常天气事件的持续探索。几乎在整个人类历史记录中，这种关系都是单向的。当气候模式发生变化时，冰川、沙漠和海岸线前进或者后退；极端干旱、降水、大风、高温或者低温到处侵袭时，人类群体也随之兴旺、适应、迁移，甚至彻底消失。现在，越来越多的科学研究表明，我们与气候之间的关系越来越具有双向性。这一重大转变开始于数千年前，由于全球范围内的农业发展以及其他人类活动显著地改变了地貌，气候模式也随之改变了。虽然未来几十年将要出现的气候变化的速度和程度仍然无法预知，但是自1950年以来，大气和海洋已经随着温室气体排放累积所造成的升温效应出现了显著变化，而与此同时，人类活动也进入了一个被地球科学家称为"大提速"的阶段，人类数量和资源需求出现明显增长。这些温室气体，尤其是二氧化碳，在阳光投射到地面时不会起到什么作用，但会吸收地表向外发出的辐射热能。

本书将展示一份完整的气候年表，阅读本书的过程更像是一次探索，在漫长而连续的发现之旅中，你会接触到一个个发人深省、出人意料或令人捧腹的历史瞬间。撰写此书旨在为读者展示各种天气事件的类型及影响范围、人类对它们的认知与见解，甚至各种创新发明，它们见证了我们与气候之间的共同进化。目前为止我们所了解的一些知识和见解也许将在未来几年或者几十年内被彻底颠覆，这就如同很久以前人们认为天气是"众神的愤怒或欢乐的情绪表现"的认知最终被"天气系统既具有明确的变化模式（指气候），又具有隐含随机性（指变幻莫测的天气系统）"这一更科学的认知所取代一样。正如美国

图为来自南卡罗来纳州国民警卫队的一个水上救援小组，这是2017年飓风"哈维"（Harvey）在得克萨斯州引发洪水后，解救被困人群的救援队伍之一。

气象学会前任主席 J. 马歇尔·谢波德（J. Marshall Shepherd）的口头禅："气候是你的个性，而天气是你的心情。"

在这里，你会了解到那些有卓越见解的杰出人物，例如伽利略和本杰明·富兰克林；也会了解到一些取得了惊人发现的、默默无闻的平凡人，比如发明了挡风玻璃雨刮器的房地产开发商玛丽·安德森（Mary Anderson），以及在 20 世纪 20 年代发现了高空急流的日本气象学家大石和三郎，高空急流在第二次世界大战期间被日本当成一种武器，用来向美国投放携带着燃烧弹和炸药的气球。

在对人类历史中所有关于天气和气候的记录进行了一次完整回顾后，我们发现了一个不变的道理：知识永远在进化。科学家们花费了一个多世纪进行一系列研究、测试并完善不断发展的技术，将"大气中的一些气体可以吸收热量"这一最基本认知逐步发展到"燃料燃烧排放的二氧化碳和对森林的滥砍滥伐可能导致未来几个世纪持续的气候变暖和海平面上升"这一深刻认识。

也许在未来几代人所生活的时代中，科技发展可能使人类的生活与天气彻底隔绝，以至人们会觉得在去冒险之前先去查看天气预报是一件莫名其妙的事情。但是就目前而言，天气仍然是我们所处环境的一个组成部分，几乎每个人每天都要考虑天气对自己的影响，甚至会直接受到天气影响。

我们很早就决定围绕"人类对气候系统的历史与运作机制的理解和认知"这一点来建立年表。如果把时间追溯到数十亿年以前，我们不得不放弃对传统年表本应具有的精确性的要求，因为这些时代的证据都是间接的，或者是经历了数千年的地质作用的磨损，这一问题在 24 亿年前到 4.23 亿年前各个"历史瞬间"中体现得最为明显。这些早期的里程碑的年份远远超出了人类思维所能理解的时间，而且没有碳同位素或其他直接证据可以精确标记。当然，最后一篇关于冰河时代终结的文章是对尚未到来的"历史"进行推测的。在大多数选定的里程碑中，我们试图讲述一些更具有广泛意义的离散事件。例如，对那篇关于 1922 年利比亚的高温纪录被取消的事情进行调查的文章，因为这其中既存在气象历史精度的局限性，也存在对温度测定的局限性。

这 100 篇短文专注于一些重要的科学见解或者破坏性的气象事件，其中也许还包含了一些看起来异想天开的内容，例如天气在音乐中的作用以及关于土拨鼠的传说，以捕捉人类与自然之间丰富多彩的关系。

本书中未提及的精彩历史片段远远超出了我们所选择的片段，但事实上我们所希望的是这里的故事仅仅起到一个引导作用，引领读者自己去探索一系列精彩纷呈且更全面的天气和气候科学历史，例如克里斯多夫·伯特（Christopher Burt）、布莱恩·M.费根（Brian M. Fagan）、詹姆斯·罗杰·弗莱明（James Rodger Fleming）、伊丽莎白·科尔伯特（Elizabeth Kolbert）和史宾塞·维尔特（Spencer R. Weart）等人的著作。当然，现在网上还有大量宝贵资源，例如，美国气象协会、美国国家气象局、美国国家航空航天局等政府机构的官方网站提供的资源。

撰写本书的过程中，我们有时会从那些对气候历史中某些特定时期具有深厚专业知识的朋友和同事们的思想智慧和只言片语中汲取灵感。这些人的贡献均在章节后以姓名缩写的形式展示，并在尾注中详细说明。我们邀请了专注于早期地球研究的地质学家、作家霍华德·李（Howard Lee），为我们揭开了这一探索之旅的序幕。来吧，我们从大气的起源开始为你讲述天气的故事，因为大气是"天气"这一动态运动系统在发生与发展过程中必不可少的媒介。

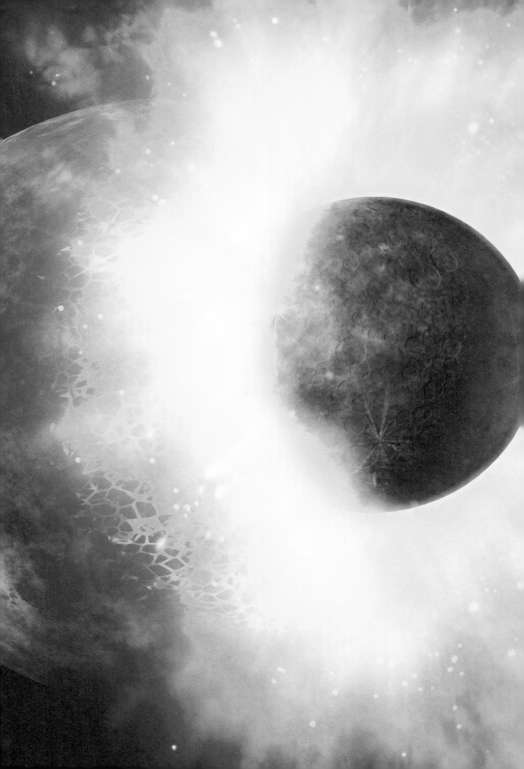

地球形成大气层

要想有天气，必先有大气，这就意味着我们要追溯到物种起源的年代来讲述这个年表。我们对大气知之甚少，仅仅由几条与早期太阳系相关的科学依据组成，其中包括地球与被推断为构建地球的陨石之间的化学差异和对遥远的太阳系进行的观测与计算机模拟，通过这些我们重建了一段看起来比较符合物理学定律的太阳系历史。

这些研究告诉我们，大约 45.67 亿年前，地球是在一团直径达近一光年（约 10 万亿千米）、充满放射性尘埃和气体的缓慢旋转的气体云中开始形成的。在气体云因自身引力作用而坍缩时，就形成了原始太阳以及围绕它的"旋转圆盘"，也就是太阳星云。在超过数千万年的时间里，星云中的尘埃颗粒聚集在一起，在重力作用下进一步汇聚形成各个行星、小行星、彗星和太阳。长久以来，人们都认为地球的初始大气由受周围太阳星云的重力影响吸入的气团形成，但科学家们近期的研究结果表明，大多数行星的原始大气都是由于飞入行星的陨石等物质与行星发生碰撞，产生的压力和热量使其内部的气体挥发出来聚集而成的。

在最初的 1.4 亿年左右的时间里，小行星的撞击经常使地球上一部分已经形成的大气散逸。但是这些撞击产生的能量会导致陨石处于熔融状态，这使其内部的气体散逸而出，其中包括二氧化碳、一氧化碳、水蒸气和二氧化硫。

大约 45 亿年前地球出现了一次重大的重建过程。一颗（某些研究结果认为可能有几颗）较小的行星产生的巨大撞击将地球的大气转化成了灼热又充满岩石碎块的蒸气，并且在地球周围形成了一个蒸气圆盘。当蒸气冷却时，它与其中的熔岩一起从空中掉落形成降雨，或者在太空中聚集进而形成了月球。看起来，地球最初的大气似乎大部分或者所有部分都被吹到了太空中。

另参见 • 粉红色的天空与冰期（公元前 29 亿年）• 冰河时代的终结（102018 年）

地球最早的大气层是在撞击中形成与演化的，就像这幅在艺术家的构想下完成的描绘了一次巨大撞击的图像，这类似于发生在大约 45 亿年前，可能创造了地球的卫星——月球的那次撞击。

水世界

月球出现让地球所付出的代价是，不仅仅失去初始大气，还失去了水资源以及不易汽化的元素，比如铅和锌。干燥、贫瘠、沸腾的岩浆四处飞溅，地球处于一个如同炼狱般的时期，这样的环境无愧于地质学家给这个最古老时期的命名：冥古宙。这个命名源自古希腊的地狱之神哈迪斯，即冥王。

然而到了43亿年前，地球表面上似乎已经拥有了丰富的液态水资源，这个信息是对地球上最古老的矿物——从澳大利亚的杰克山（Jack Hills）上采集到的略带紫色且极其耐用的微小锆石晶体——采取了精确的地质年代测定与氧同位素方法测定得知的。

地质学家告诉我们，在"深度时间"的概念中所指的时间跨度极其漫长，不过从地球遭受了巨大撞击形成月球，到地球上海洋逐渐形成，这之间也经过了很长很长时间。科学家推断：由充满岩石碎片的蒸气组成的大气冷却下来仅需要短短几年时间，而遍布全球的岩浆"海洋"的凝固过程则大约经过了15万年。在凝固过程中，大量二氧化碳、水蒸气、氮气和硫黄气体被释放了出来，这足以形成一个蒸气层。当岩浆海洋逐渐凝结固化形成了岩石外壳，空中的蒸气也会因为冷却作用出现持续不断的降水，这种情况持续了大约100万年。

遍布全球的火山喷射出熔岩，与蒸气中的二氧化碳发生反应。随着熔岩相互覆盖，四处横流，越来越多的碳元素被埋藏在地壳中，因此，温室效应也随着时间推移逐渐减弱。最终结果形成于大约43亿年前，地球变成了一个水世界，气候环境变得适宜生命生存，并且整个地球都变成了一片广阔无垠的汪洋大海，其储水量甚至比现在地球上海洋的储水量还要多26%，火山群岛与巨大的陨石坑的边缘也在海洋之中星罗棋布（当时还没有形成大陆）。这个凉爽的新生世界的天气和我们现在的天气并没有本质的差别。

 · 南大洋使万物冰封（公元前3400万年） · 追踪海洋对气候的影响（2007年）

 这幅由霍华德·李（Howard Lee）绘制的插图展示了43亿年前地球上广袤的海洋以及分散在各地的火山岛。

粉红色的天空与冰期

　　早在 41 亿年前，或者至少可以确认的时间是 37 亿年前，在地球发展的早期就有了生命出现的迹象。然而，这些生命改变气候却花费了近 10 亿年的时间。

　　最初的生命形式都是微观的。当一些微生物开始从氢气与二氧化碳中吸收能量并生成甲烷和水时，大气中的温室气体就会被逐渐消耗，温室气体的含量降低至一定水平时，就引发了 29 亿年前地球上第一个已知的冰河时代。

　　但随着甲烷含量逐渐上升，天空开始变得朦胧，有时甚至呈现粉红色。在高层大气中，太阳发射出的紫外线将甲烷分子分解并释放出氢气，由于氢气较轻，就会逸散至太空中。而水分子（H_2O）是由氢元素和氧元素组成的，所以氢气流失等同于水流失，海洋中的含水量也就慢慢减少了。

5

　　幸运的是，地球水资源流失的情况并没有持续太久。到了大约 27 亿年前，一种叫作蓝藻细菌的新型微生物进化出了利用二氧化碳和水进行光合作用，并最终生成糖的能力，氧气则是这种新型光合作用（早期的光合作用并不涉及氧元素）中出现的副产品。氧气是一种化学性质极其活泼的气体，因此它会缓慢氧化海水中的岩石和各类化学物质。随着氧气在空气中的浓度逐渐增加，甲烷会与之发生化学反应，生成二氧化碳和水。这些反应过程阻止了氢元素外逸，也就等同于保护了地球上的海洋，防止它们缓慢散逸到太空中去。

　　随着氧气含量增加，大气开始从由甲烷占主要含量的粉色天空向由二氧化碳占主要含量的蓝色天空发生转换。与此同时，凯诺兰超大陆（Kenorland，地球上第一个由所有大陆板块汇聚在一起而形成的联合大陆）上的山体出现的侵蚀与化学风化作用降低了大气中的二氧化碳含量（在化学风化作用下，大气中的二氧化碳会在降水过程中形成弱碳酸，缓慢溶解岩石并最终在下游海域以石灰岩的形式存在）。地球上两种主要温室气体含量的下降最终引发了四次截然不同的"雪球地球"事件，这是一段地球表面几乎或完全冻结的时期。直到大约 25 亿至 22 亿年前，火山爆发使地球的二氧化碳含量恢复到了原有水平，地球才拥有了更温和的气候。

　　• 地球形成大气层（公元前 45.67 亿年）　• 从冰封到火灾（公元前 24 亿年至公元前 4.23 亿年）
　　• 追踪海洋对气候的影响（2007 年）

　　古老的凯诺兰超大陆周边的海洋维持了基本的生命形式，其中包括了构造简单的单细胞生物和微生物的垫状生物被膜，例如蓝藻细菌。

—— 雨滴首次留下的化石痕迹 ——

古老的南非沉积岩石上点缀着的大量凹痕毫无疑问是雨滴留下的痕迹，这是27亿年前的火山灰遭受了一场阵雨后形成的。这些留存下来的雨滴痕迹与现在的雨滴完全相同，纵观地质年代，类似的雨滴痕迹同样还出现在23亿年前澳大利亚的潮滩地区等众多其他例子中。在与当代沉积物进行比较后可以发现，那时的水可以在河流、湖泊和海洋中流动，与现在的情况毫无差别。

但这本是不可能发生的事情。

当时太阳的光照强度只能达到现在强度的80%，所以它应该不可能让地球的温度上升到冰点以上，整个地球应该处于永久冻结的状态。科学家们推测，如果当时地球已经温暖到足够出现降水，那么地球应当拥有比现在更厚的、能够留存热量的温室气体层。但是科学家们通过实验重构了同样的雨滴凹痕，并且对古代火山熔岩中的气泡进行测量，得到的数据都显示早期的大气压可能低于现在的大气压。

虽然早期的地球处于适中的大气压下，但是能达到如此温暖的程度仍然让人意想不到，这种现象也被称为黯淡太阳悖论（Faint Young Sun Paradox）。黯淡的太阳为何能让地球如此温暖呢？下面的假说或许能够相对合理地解释这一现象：稀薄的大气层和大面积的海洋有助于地球吸收更多阳光，不过大气中也必须富含温室气体才能维持地球的温度。年轻并且处于高温状态的地幔上的火山活动可能释放出了大量二氧化碳，同时小型大陆通过风化作用吸收的二氧化碳也远少于今天。此外，在频繁的太阳耀斑活动（即年轻的太阳表面出现强烈辐射爆发现象）影响下，地球可能生成温室气体氧化亚氮，或者氮气和氢气发生碰撞时产生了某种新的温室气体。云量减少和强潮汐可能也为地球变暖做出了贡献。

也有一些科学家甚至认为，黯淡的年轻太阳拥有如此的能量可能因为它当时的体积比现在的体积大了约百分之五（随后出现的太阳风、日冕物质抛射以及核聚变等过程使它的体积逐渐缩小）。这种说法有助于解释在地球和更遥远的火星上同时存在液态水的巧合，不过麻烦的是，如果这些假设都是真的，那么地球很可能已经处于过热状态，所以在这个问题上仍然存在着不少未解之谜。

另参见 • 青藏高原的隆升与亚洲季风（公元前 1000 万年） • 沈括记录气候变化（1088 年）

在南非，一只猫鼬正坐在一块岩石上，岩石上布满了27亿年前雨滴留下的痕迹。

从冰封到火灾

　　尽管年轻的太阳黯淡无光，但是大气中的氧气含量升高之后，地球气候在"无聊的十亿年"[1] 内的大部分时间里温度都维持在零度之上。不过当时空气中的氧气含量与现代氧气含量相比仅仅是九牛一毛，而且在海水中几乎没有氧气存在。后来随着可以进行光合作用的藻类和以这些藻类为食的生物体（如变形虫和滤食动物）的进化，大约在 8 亿年前，空气中的氧气含量上升到了现代水平的一半。

　　由于这些复杂的生命体比它们的微生物对手大得多，所以它们的遗骸在被细菌完全吞噬之前就会沉入深层海洋，同时也将碳和某些营养物质（如磷）带入了深层海洋。这使生物对氧气的需求转移到了深海中，浅层海洋首次获得了更多氧气，海绵动物等生物体也因此得以在此生存下来。

　　海绵动物过滤了蓝藻含量丰富的浅水层，让更多阳光穿透了浅层海水，促进了产氧藻类的生长。后来，水母和浮游动物的出现进一步促进了碳和氧的化学循环。每个演化过程都促进了富含碳的残余物向更深层的海洋沉积，有效地去除了大气中的二氧化碳，并将其固定在深海与沉积物中，这一过程被称为生物碳泵。

　　到了 7.17 亿年前，由于温室气体减少、赤道岛屿加速侵蚀和岩石风化作用，以及陆地区域遍布地衣等原因，导致了两次灾难性的"雪球地球"循环，并且之后都出现了短暂的冰期。整个星球上的大部分区域都被冰封了数千万年，只有赤道附近的区域相对来说没有处于冰封状态。西伯利亚和南极洲当时位于赤道附近，是当时地球上最温暖的地方之一，这也反映出了当时的地球板块与现在的板块相比是多么不同。

　　到了大约 4.7 亿年前，各种各样的植物在这片土地上大范围定居时，大气中的氧气水平仍远低于现代水平。到 4.23 亿年前时，英国发现的岩石上留下的木炭痕迹告诉我们，氧气含量已经上升到了足以支撑第一次火灾发生的水平。

1　指地球氧气升高之后生命爆发却没有随之而来，反而陷入沉寂的一段时期。——译者注

另参见 · 农业使气候变暖（公元前 5000 年） · 地球轨道与冰河时代（1912 年）

　　电脑绘图显示，大约 5.9 亿年前，地球覆盖在冰雪之中，由于板块运动，当时各个大陆位于与现今完全不同的位置。

致命高温与"大灭绝"

随着氧气含量上升，各种生命体的体型变得越来越大，并且变得更加充满活力。历史上曾出现过几次飞跃式的进化和大规模的物种灭绝事件，它们大多发生在火山爆发异常活跃期间，这些火山爆发事件最终形成的特殊地质区域则被称为大火成岩省（Large Igneous Provinces）。在火山爆发过程中，大量温室气体被释放到空气中，使气候变暖、海洋酸化，还经常导致大面积的海洋因缺氧而形成死亡海域。

二叠纪大灭绝事件（The Permian Mass Extinction），也被称为"大灭绝"，是这个星球历史上最接近失去所有复杂生命体的一次大灭绝事件。

在那场灾难发生之前，有一群爬行动物曾出现在从南极到北极的泛大陆上。南方的大片土地都被冰雪覆盖，四周生长着针叶林。广袤的大陆内部几乎没有水汽能输送至此，欧洲和美洲的部分地区甚至在随风裹挟的沙尘堆积下变成了沙漠地带。然而，这种寒冷的气候突然出现了急剧反转。第一次事件发生在 2.62 亿年前，由一个现今位于中国境内的火山爆发引起。但是真正引起"大灭绝"事件的致命高温出现在 2.52 亿年前，当时位于西伯利亚的熔岩喷涌而出达数千年之久，最终将一片与欧洲面积几乎相等的区域埋葬在厚达 3 千米的玄武岩和火山灰下。

酸雾环绕在地球上空，滚滚硫黄直冲云霄并最终涌入了平流层，引发了短暂的"火山冬季"，随后便形成了腐蚀性极强的酸雨。大气中充斥着的大量温室气体，足以使全球气温升高 10 ℃，热带地区也因此遭遇致命的高温侵袭。二氧化碳溶解在海洋中使海洋酸化，加上海洋的氧气含量明显下降，大量生命体都遭受了灭顶之灾，就连生存在海底的穴居蠕虫也自此消亡。

以目前的研究来看，化石燃料燃烧也加剧了当时气候的变化速度。火山喷发产生的岩浆点燃了煤炭和石油的沉积物，释放出了甲烷和二氧化碳，火山灰也在下风向扩散达数千米。在不到 6 万年的时间里，90% 的海洋生物和 75% 的陆地生物灭绝，而这在地球漫长的历史上仅仅是一眨眼的工夫。生物的多样性直到几百万年后才得以恢复。

 • 恐龙灭绝与哺乳动物崛起（公元前 6600 万年）• 珊瑚礁遭受高温侵袭（2017 年）

 从 2016 年夏威夷基拉韦厄火山的喷发情况可以看出，如今的火山活动水平相比于曾经火山爆发活跃期时显得那么苍白无力，那时的火山活动不但持续时间长、影响范围广泛，甚至塑造了当时的气候特征。

—— 恐龙灭绝与哺乳动物崛起 ——

在恐龙彻底灭绝前，大气早已出现了一些变化。白垩纪（Cretaceous）是地质年代中生代（Mesozoic era）的最后一个纪，到了白垩纪晚期，气候条件已经寒冷到足以在南极洲形成极地冰盖。开花植物彻底改变了地球上的植被覆盖情况，哺乳动物开始大量繁殖，而恐龙的数量已经呈现下降趋势。

由于印度火山爆发释放了大量的二氧化碳，全球气候突然变暖（南极地区气温上升了 7.8 ℃），这种情况类似于二叠纪大灭亡之后的全球气候，不过这次的规模相对较小。在陆地与海洋的环境持续恶化了约 15 万年后，物种开始灭绝。

不过倒霉透顶的是，到了 6602.1 万年前，一颗小行星撞击了地球，撞击点位于现在墨西哥的希克苏鲁伯。

这对恐龙和其他物种来说是一场毁灭性的灾难。多年来，科学家们都认为炽热的空气悬浮物和遮天蔽日的尘埃共同导致了多年全球性寒冬，进而导致了各物种的灭亡。但是最新研究结果对是否存在可能造成全球性破坏的炽热空气悬浮物提出了质疑，与此同时，并没有任何证据可以表明曾经出现过世界范围内的火灾。此外，这次撞击不至于导致海洋酸化，并且任何因撞击而引发的寒冬都不会使海洋中的生命体彻底停止繁衍进化，因为蕨类孢子的持续生长会让这种情况仅持续几年就宣告结束。然而，石油等沉积物燃烧所产生的高空烟尘可能诱发了降温和干旱效应。

不过，即使小行星撞击事件本身并没有直接导致全球范围内的致命后果，但是对岩石形成时间的精确测定表明，撞击产生的冲击波也诱发了印度火山的再一次大规模爆发，进而导致了又一次气候变暖和海洋酸化。

无论如何，恐龙还是灭绝了，地球在长达一千年的时间内仅剩下一个由蕨类植物占据统治地位的地貌景观。没有一只恐龙（鸟类除外）得以存活，哺乳动物最初虽然也遭到了毁灭性打击，不过在短短几十万年内就得以重新蓬勃发展起来。哺乳动物时代（The Age of Mammals），或者称为新生代（Cenozoic Era），开始进入了高速发展的状态，并一直延续到了今天。

 • 地球形成大气层（公元前 45.67 亿年） • 珊瑚礁遭受高温侵袭（2017 年）

 这是一幅由一位艺术家完成的图像，展现了他对发生在墨西哥尤卡坦并形成了希克苏鲁伯陨石坑的小行星撞击事件的概念设想，这次撞击事件可能导致了 6600 万年前地球上 70% 的物种灭绝。这个陨石坑宽约 180 千米，是由直径 10~20 千米的小行星或彗星核心撞击造成的。

极热的始新世

大约在 5600 万年前，形成了大西洋的地质构造作用力开始将格陵兰岛从斯堪的纳维亚半岛的板块中撕裂出去。这在地壳上撕开的裂缝恰好位于一个地幔的热点处，这个热点的位置现位于冰岛，并一直为冰岛的火山提供能量。

岩浆大面积地渗入地下，看起来就像地面上一块块巨大的瘀伤。岩浆灼烧着挪威和爱尔兰近海处富含石油的沉积物，分解出的甲烷通过数千个水下的风道喷向空气中，北大西洋就像一个充满沸水的浴缸一样不停冒着气泡。

甲烷是一种不可忽视的温室气体，它可以在十多年里转化为另一种温室气体——二氧化碳。大量甲烷被释放到空气中导致全球气温上升了整整 5 ℃，比现在的气温高了 18 ℃ 左右。此外，在之后 3000~4000 年中，二氧化碳的含量上升到了目前含量的三到四倍左右。这次的上升速度足够缓慢，避免了一次大规模的生物灭绝事件，不过仍有一些海洋生物和 20% 的陆地植物灭绝了，与此同时，哺乳动物进化出了更小的体型，并进行了跨越大陆的迁徙。古新世－始新世极热事件（Paleocene-Eocene Thermal Maximum）创造了一个足够炎热的气候条件，以至于鳄鱼和河马类生物都可以在距北极仅仅 804 千米的地方幸福地生活，而类似棕榈树这样的热带植物甚至也可以在北极地区以及无冰的南极地区茁壮成长。

15

之后的几百万年里气候都维持着酷暑难耐的状态，并且反复经历了数次持续高温时期（称为超热期）。这种情况一部分是受地球绕太阳旋转时发生的周期性摆动影响，一部分则是由于沉积物受到再次注入的岩浆炙烤而分解成甲烷。此外，地貌也随着气候的周期性循环来回波动，例如美国怀俄明州的地貌就在干旱的盐田和丛林环绕的湖泊之间交替循环。

据科学家估计，在古新世－始新世极热事件中释放的二氧化碳总量相当于人类燃烧所有化石燃料储备所产生的二氧化碳总量。但是到目前为止，人类活动产生的二氧化碳的排放速度远远高于古新世－始新世极热事件中二氧化碳的排放速度。如果二氧化碳的排放量继续保持着现在的水平，这将促使科学家们对可能发生的更严重的生态破坏事件作出充分的应对准备。

 • 火山爆发、饥荒与各种灾难（1816 年）

 图中的裂齿兽是一种已经灭绝的哺乳动物，牙齿像啮齿类动物，曾出现在始新世中期（Middle Eocene epoch，4800 万─3800 万年前）的怀俄明州。

南大洋使万物冰封

　　自从出现了岩石和空气，通过世界各地的火山爆发过程生成的二氧化碳总量和通过岩石的风化作用中的化学反应过程从空气中去除的二氧化碳总量之间存在着微妙的平衡。当火山爆发过程占主导地位时，气候变暖；而当风化过程占主导地位时，气候变冷。因此，当地球板块构造漂移形成大陆山脉时，侵蚀作用和岩石的风化作用就会逐渐使气候变冷。

　　当印度板块自大约 5000 万年前开始缓慢移动并与亚洲板块碰撞开始，喜马拉雅山脉的海拔就开始逐渐上升。加上美洲和欧洲的山脉也在不断上升，侵蚀作用和岩石的风化作用持续加强，这些因素推动了气候向持续变冷的方向转变。但如果不是因为地球海洋重新调整了海域分布，世界可能永远都不会经历那段使早期人类祖先得以进化的冰河时代。

17

　　纵观整个恐龙存活的时期，南美洲和大洋洲都与南极洲相连，迫使洋流沿着大陆边缘以蜿蜒曲折的路径流动。但是到了 3400 万年前，这几个大洲的连接处最终出现了破裂，使广阔的南大洋的洋流得以环绕南极洲流动，形成了南极绕极流（Antarctic Circumpolar Current）。这一变化重新驱动了全球海洋环流，不仅提高了海洋的营养物质含量，还扩大了二氧化碳在深层海洋中的储存量。

　　就这样，地球大气中的二氧化碳含量和全球气温骤降。

　　到了 3280 万年前，空气中的二氧化碳浓度已降至万分之六以下，导致气候持续变冷，南极冰盖也一直延伸到海洋。到了 280 万年前，北美洲与南美洲通过巴拿马地峡（Isthmus of Panama）重新连接在一起，气候变冷的趋势再次加强，地球迎来了更新世（Pleistocene）的冰河时代。二氧化碳浓度下降至万分之三以下，冰盖甚至蔓延到了北半球，并覆盖了整个格陵兰岛以及北美洲、斯堪的纳维亚和西伯利亚的大部分地区。在地球地轴相对于太阳的方向和地球围绕太阳的运行轨道这两者的微小变化的影响下，这些冰盖的覆盖范围在超过 100 个冷暖周期中来回波动，这种情况一直持续到工业时代。

 • 从中世纪暖期到小冰期（1100 年）　• 追踪海洋对气候的影响（2007 年）

 从 3400 万年前开始，大洋洲和南美洲从南极洲大陆中分离出来，一个环绕地球的广阔的南大洋应运而生，这也促进了温度下降与冰盖蔓延。

——— 青藏高原的隆升与亚洲季风 ———

在世界上的许多地方，每当到了夏季便会形成从海洋吹向大陆的风场，其中携带着充足的水汽以至于可以形成充盈的降水，这些降水也让万物进入了一段生机盎然的时期。这种现象称为季风，这个词来源于葡萄牙语 monção，而 monção 一词本身又源于阿拉伯语中的词 mawsim，意为季节。在热带地区，季风降水对已经适应这一循环变化的人类社会和生态系统至关重要。季风循环对印度和邻近的南亚国家的重要性恐怕地球上任何其他地方的季风都无法与之相比，在这里有超过 10 亿人的生活需要依靠季风带来的降雨。但降水的发生时间以及降水模式的变化都可能会导致毁灭性的洪水、干旱，以及因干旱导致的饥荒等灾难性后果。

季风的长期演化会受到大气中二氧化碳含量变化的影响，随着二氧化碳含量的缓慢下降，季风的强度在 4000 万年前到 3500 万年前期间呈现逐渐减弱的趋势。但在那段时间内，印度次大陆与亚洲大陆板块之间的缓慢碰撞使得青藏高原隆起了近 4 千米，高原在夏天吸收了充足的热量，导致气候模式发生了巨大变化，进而导致了印度地区向岸风风速的增加与季风降雨的增强。根据布朗大学地质学家史蒂文·C. 克莱门斯（Steven C. Clemens）与其他科学家的分析，这种与现如今的情况相似的印度季风应该是从 1200 万年前到 1000 万年前的某个时段逐渐演化形成的。

在更短的时间尺度上来看，季风的强度偶尔会出现骤然下降的情况，而这恰好与最后一个冰河时期（这次冰河时期于 11700 年前结束）北美和格陵兰地区的某些地方出现的冰川融化的情况相吻合。这是因为当大量密度低于海水的淡水注入位于高纬度的北大西洋时，向北输送的热带地区暖流的速度将会减缓。而类似的这些事件对气候的影响将会通过西风带传播到整个欧洲和亚洲，进而传播到季风区。目前科学家们正在努力评估现今二氧化碳含量的上升和北大西洋未来将出现的海水盐度下降会对印度和亚洲季风系统造成怎样的影响。

 另参见 • 新月沃土（公元前 9700 年）• 追踪海洋对气候的影响（2007 年）

图为 2008 年 1 月，印度新德里的季风季节，一名妇女走在被洪水淹没的街道上。

气候脉动推动人口增长

"现代人类是如何以及何时从非洲起源并走向全世界的"这个问题仍然存在诸多谜团。长期以来的观点都是历史上仅出现了一次人口迁徙浪潮，时间大约在 6 万年前，并且在迁徙过程中人类定居在了世界各地，然而最近的研究发现事实并非如此。

研究人员推测，在河流的作用下，北非和阿拉伯的沙漠之间出现了一条植被繁茂的绿色走廊，于是早期人类经此途径开始迁徙至其他地区。夏威夷大学马诺阿分校的研究人员在 2016 年 9 月发表于《自然》（*Nature*）杂志的一篇文章正是以此为研究基础，将大迁徙的开始时间向后纠正了数万年，大约在公元前 10 万年前后。科学家利用基于该地区的气候和生态系统的计算机模型进行了模拟，认为早期人类离开非洲的迁徙浪潮共分为四次：第一次迁徙开始于 10.6 万年前，结束于 9.4 万年前；第二次为 8.9 万年前到 7.3 万年前；第三次为 5.9 万年前到 4.7 万年前；最后一次则为 4.5 万年前到 2.9 万年前。

发表在同一期《自然》杂志上的三项独立研究将世界各地文明的 DNA 序列进行了比对，绘制出了一张呈现脉冲状分布规律的人类迁徙历程图，同时也证明了现代人类都是从大约 6.5 万年前到 5.5 万年前的某个时间点的单次迁徙过程中散布到世界各地的。

有趣的是，最新发现的有关古代气候的证据表明，这段人类迁徙的特殊时期并不是一段湿润的时期。2017 年底，亚利桑那大学的杰西卡·蒂尔尼（Jessica Tierney）和保罗·赞德（Paul Zander）以及哥伦比亚大学的彼得·德米诺卡尔（Peter deMenocal）对更详细的气候线索进行了研究，他们发现 6 万年前有一段特别干燥和凉爽的时期，而这段时期正好与通过对 DNA 的研究得出的早期人类迁徙时间相吻合。这一证据表明，早期人类离开非洲可能并不是被湿润环境所吸引，而是受干旱环境影响才被迫离开的。

随着有关气候、考古以及基因等方面的新证据出现，历史事件的准确性与完整性也将有望得到进一步完善。

 • 北非干旱与法老崛起（公元前 5300 年）• "冰河时代"一词进入科学领域（1840 年）

图为约公元前 6000 年左右被雕刻在岩石上的两只面向撒哈拉沙漠中心的长颈鹿。最近的研究结果表明，从 10 万年前开始，潮湿的气候环境将北非和阿拉伯半岛变成了拥有丰富生态系统的大陆，为离开非洲的人类创造了某种用于迁徙的"阀门"，并开辟了一条通往欧亚大陆的道路。

一次超级干旱事件

1960 年，非洲维多利亚湖的一处浅滩，来自杜克大学的科学家们将沉积物取芯器的导管推入了松软泥泞的地表以进行样本采集。维多利亚湖是世界上最大的热带湖泊，养育了超过 2000 万人口。在取样过程中，科学家们惊奇地发现，取芯器的探棒竟然被一层灰色黏土所覆盖，而这种地层必须暴露在空气中才可以形成。随后进行的研究工作则从这一干土层起一直追踪至维多利亚湖的最深处，并最终得到了确切的结论：上一个冰河时代的末期前后出现了一场大规模的、持续时间长达百年的干旱事件，大量水域自此消失殆尽。

现在湖中存活着数百种其他地方从未见过的鱼类，这意味着在经历了那次重大干旱事件之后，这些鱼类必然是以某种爆炸性增长速度进化而来的，更何况那次干旱非常严重，这就更令人百思不得其解。当维多利亚湖因为干旱而消失无踪时，埃塞俄比亚的塔纳湖也一并化为乌有，塔纳湖还是世界上最长的河流尼罗河的另一个主要水源，因此尼罗河也一定受其各大水源消亡影响而逐渐干涸。此外，这次干旱事件还使得位于其他非洲热带地区和约旦河谷区域的各个湖泊面积缩小。针对层状洞穴沉积物的研究也同样揭示了整个亚洲南部地区的季风减弱这一情况，并且遗传学家发现，在那段时期里印度曾呈现出人口崩溃（即人口数量锐减）的迹象。

来自北非遗址的证据的早期解释表明，当时的雨带只移动到了南部地区。然而，位于更南部的非洲遗址的证据表明这里的情况恰恰相反。这场旱灾是现代人类历史上所记载的影响范围最广泛、致灾情况最为严重的热带地区旱灾之一。不幸的是，我们甚至还不能确定为什么会发生这种情况。

这场百年不遇的旱灾与冰盖的突然崩塌几乎同时发生，被称为海因里希事件（Heinrich Event），但目前仍然不清楚到底是这次冰盖崩塌导致了干旱的发生，还是冰盖崩塌只是伴随着干旱事件的发生而发生。其他关于湖泊的研究结果显示，在非洲其他地区也出现过严重的干旱事件。2009 年，对取芯器从加纳一处火山口形成的湖中提取的物质的研究显示，在现在这片人口稠密的陆地区域，过去几千年里曾频繁地出现持续时间长达一个世纪的极端干旱事件。

另参见 • 干谷探险（1903 年）• 黑色风暴事件（1935 年）

这是一张拍摄于 2013 年的 Terra 卫星图片，图中的维多利亚湖是非洲最大的湖泊，支撑着大约 3 500 万人的日常生活。大约在 1.7 万年前，它曾因为旱灾而彻底干涸过。

新月沃土

最近一次冰河时代的结束（约公元前 9700 年）标志着地质时期中全新世（Holocene Epoch）的开始。这也为人类逐渐转向更加依赖于农业的稳定定居模式奠定了基础。气候条件的变化促使着人们从阿拉伯半岛向北迁移，寻求稳定可靠的水源。底格里斯河和幼发拉底河两条河流相互平行绵延数百英里，形成了一片极其肥沃的土地。从尼罗河到约旦和以色列区域，加上沿着底格里斯河和幼发拉底河的区域最终被历史学家称为"新月沃土"。出现在该地区的最早一批城市给这里带来了文字、科学和宗教组织。诸多王国也在底格里斯河和幼发拉底河之间崛起并走向繁荣昌盛，这个地区被称为"美索不达米亚（Mesopotamia）"，意为"两条河流之间的土地"。

该地区是各种植物生长的乐园，这些植物是新石器时代早期农业中至关重要的"奠基农作物"，包括二粒小麦、大麦、亚麻、鹰嘴豆、豌豆和扁豆。来自这里的四种最重要的驯养动物物种包括牛、山羊、绵羊和猪。对人类文明进步至关重要的一些发明也起源于此，包括玻璃、轮子和灌溉。

"新月沃土"这一术语是在 20 世纪初由芝加哥大学的考古学家詹姆斯·亨利·布雷斯特德（James Henry Breasted）将其编写进教科书才得到普及的。在他于 1919 年首次出版的《古代世界概况》（Survey of the Ancient World）一书中，他阐述了该地区气候和地理特征的形成原因以及由此带来的影响："西亚的历史可以被描述为一场北方山区居民与草原上的沙漠流浪者之间的持久战争，也就是一场争夺新月沃土地区的战争，并且战争仍在持续进行。"

事实上，在一个世纪之后，该地区的紧张局势仍然存在。在出现修建水坝、地下水供应减少和干旱，以及这些问题可能因气候变化变得更加严重，进而引发供水紧缺和农业减产等一系列问题的情况下，文化或意识形态之间的冲突引发的不同群体之间的矛盾斗争正在逐渐加剧。

• 气候脉动推动人口增长（公元前 100000 年）• 农业使气候变暖（公元前 5000 年）

埃及工匠森尼杰姆（Sennedjem）的墓碑上的画作显示了他在位于德尔麦迪那的牧场上进行耕作劳动，德尔麦迪那是埃及早期农业的重要地区。

北非干旱与法老崛起

大约在公元前 8500 年到公元前 5300 年，北非地区达到了湿度的峰值时期，游牧部落的狩猎者和畜群被吸引到这片肥沃的、湖泊星罗棋布的热带草原，这里到处都是长颈鹿、羚羊和大象。如今，这里已经几乎被沙漠覆盖，河马在沼泽环绕的河流中四处徘徊。狩猎和捕鱼群落分布在各处，越来越多的农业定居点也开始出现在这个地区。

历史学家罗兰·奥利弗（Roland Oliver）在其 1999 年出版的《非洲大冒险：从奥杜威峡谷到 21 世纪》（*The African Experience: From Olduvai Gorge to the 21st Century*）一书中描述了为何会出现这样的情况：撒哈拉沙漠中部的高地被由橡树、胡桃、柠檬树和榆树组成的茂密森林所覆盖，同时橄榄树、松树和杜松树则遍布海拔较低的山坡和草丛上，充满鱼群的河流环绕在山谷之中。

为了证实这里曾经确实郁郁葱葱生机盎然，2014 年，包括美国宇航局艾姆斯研究中心（NASA's Ames Research Center）的科学家克里斯托弗·麦凯（Christopher McKay）在内的一些科研人员组成了一个研究小组，这个研究小组曾在地球上模拟出了多种接近火星的环境条件，他们在研究过程中发现，矿物沉积的走向恰好勾勒出了存于 8100 年前到 9400 年前的湖岸轮廓，现在这里已经成为撒哈拉沙漠最干旱的地区。该地区的遗址位于埃及西南部，它附近存在着一些引人瞩目的岩画，那些岩画被专家认为描绘的是人们游泳的画面。

从公元前 5300 年到公元前 3500 年，该地区逐渐趋于干燥，人们越来越多地开始沿着尼罗河两岸定居，这里也因此出现了第一批农场。法老的时代也从那时开始，并沿着尼罗河日益发展，他们的文明持续了 3000 年。

2013 年，哥伦比亚大学的科学家们在研究过程中发现了出现气候变化的强有力的证据，即在北半球和南半球的信风交汇处，也就是被称为热带辐合带（Intertropical Convergence Zone）的区域，这个低压带逐渐向南移动，导致该地区的气候条件开始转变为干燥、炎热，并且自那以后该天气系统一直处于主导地位。造成这一变化的原因看起来应该是地球轨道的微小变化。

（另参见）• 农业使气候变暖（公元前 5000 年）• 干谷探险（1903 年）• 平息一场激烈的辩论（2012 年）

在埃及西南部发现的洞穴壁画大约可以追溯到公元前 5000 年，描绘了北非的气候在逐渐演变成目前所处的干旱状态之前的最后一个气候潮湿的时代。在"游泳者洞穴"这组壁画中可以看到，当时的人类正在一个如今早已消失的水坑或湖泊中尽情嬉戏。

农业使气候变暖

在最后一个冰河时代的末期，冰川开始消退时，人类已经占据了除南极洲之外的其他所有大陆达数千年之久。不过现在人类发现自己正处在一个有利于农作物驯化的温暖稳定的气候条件之中。最终，几乎人类的所有食物都要依赖这些农作物，这一趋势大约始于公元前 6000 年的中东地区，并且在随后的几个世纪里传遍了欧洲、中国以及世界上的其他地区。

随着人口的增长和农业的扩张，人们开始焚毁森林来为农业耕种腾出更多的空间。威廉·拉迪曼（William Ruddiman）等人的研究结果表明，大约从公元前 5000 年开始，受人类活动的影响，大气中可导致温室气体效应的二氧化碳和甲烷的浓度开始逐渐上升。这一变化通过格陵兰岛和南极洲的远古冰层中留存的微小气泡、考古遗迹、花粉沉积等证据的研究显现出来。到了罗马时代，欧洲的森林已经荡然无存，而在公元 400 年时的中国，对森林进行的过度砍伐行为已经迫使人们转而利用燃煤取暖，而不是木材。此外，甲烷浓度的上升与从长江流域到亚洲这一地区水稻灌溉种植的普及时间相一致，这一时间点为公元前 3000 年。

经过十年的科学辩论，拉迪曼和其他 11 位作者共同发表了一篇文章，文章刊于 2016 年《地球物理学评论》（Reviews of Geophysics）。文中提出了一个全面综合的观点：正像在之前 260 万年中重复出现过几百次的状况一样，地球轨道正在缓慢地朝着形成下一个冰河时代的冷循环变化着。而人类活动导致的温室气体增加却起到了为地球气候环境加热的作用，这一情况足以减缓本来就不可避免的变冷趋势。

一项重要的证据是：从公元前 5000 年二氧化碳浓度显著上升到 2000 年后的甲烷浓度显著上升与原本正常情况下应该出现的趋势之间存在着差异。在此前各个冰期间隔之间的暖期中，二氧化碳及甲烷等温室气体的浓度在这些相应的时段内均呈现出下降趋势。

另参见・煤炭、二氧化碳和气候（1896 年）・地球轨道与冰河时代（1912 年）

梯田是亚洲大部分地区普遍存在的一种耕作方式。数千年来，人们都以这种方式开垦和管理农田，大气中温室气体也随之逐渐累积，因而长期变冷的趋势得到遏制。

——— 亚里士多德的《气象通论》———

亚里士多德（Aristotle）是人类历史上伟大的博学者之一，从伦理学和数学到植物学和农学，从政治学和医学到舞蹈和戏剧，他对很多学科都进行过研究与探索。他游历过欧洲的地中海沿岸，对环境动力学形成了深刻的认识。他对各种环境过程的观察结论与成果最终都汇总在他的一部具有里程碑意义的著作里，即《气象通论》（Meteorologica）。

今天，气象学这个名词泛指对天气进行的研究。不过亚里士多德赋予了它更广泛的意义，他在书中写道："（这本书记述了）空气、水、地表的种类，以及地球各组成部分之间相互影响的过程。"

但是天气和影响天气的环境因素是主要的研究重点。他提出，因为地球不同地区与赤道的距离不同，所以可以被划分为不同的气候带，包括寒带、温带和热带。他的著作中还包含了对水文循环最早的描述之一：

> "太阳的运动建立了一个远近变化、东升西落的往复过程，在太阳变化的影响下，每一天都有清澈甘甜的水流淌而来并被蒸发成水蒸气上升至高空，随后又因为高空的寒冷而再次凝结，最终返回地表。"

由于亚里士多德没有后人们所拥有的先进观测设备，他提出的很多观点也是错误的，例如，他认为银河系和彗星都位于大气层中。然而他对细节的敏锐洞察力也体现在一页又一页对彩虹、光晕、雷电、冰雹和降雪等现象的详尽描述和分析中。将各种天气现象臆测为宙斯或风神的愤怒及仁慈的时代已经远去，对其进行详细分析的时代开始到来。

• 中国从神话学到气象学的转变（公元前 300 年）• 沈括记录气候变化（1088 年）
• 气象学变得更有价值（1870 年）

意大利画家拉斐尔 1509 年创作的画作《雅典学派》（The School of Athens）描绘了包括《气象通论》的作者亚里士多德在内的希腊知识分子们正在进行的精彩讨论场景。

— 中国从神话到气象学的转变 —

中国最古老的关于天气知识的文字记录可以追溯到商朝后期雕刻在甲骨上的甲骨文。这些由牛骨或者海龟的平腹壳制成的物品，有时候会被祭司用来占卜作物种植的时机或者即将到来的季节。

在古希腊关于行星动力学的思想发展的同时，在中国有关天气现象的神话也开始为更具有分析性的方法让路。中国学者和祭司们开始利用观测来追踪季节变化，比如测量撑杆在中午的投影。当某天正午的投影长度达到最长时，意味着太阳在这一年中的该时刻达到了最低的位置，即冬至已经来临，而如果某天正午的投影最短时则代表着夏至的到来。

到了公元前 300 年，中国天文学家依据太阳在黄道上的位置研制了一套历法。该历法将一年分为二十四个节气，每个节气都与不同类型的天气相关。比如用大暑和小寒描述整年中的温度变化节点，此外，历法中也显示了降水和丰收的时节。

公元 1 世纪时，中国汉代思想家王充基于以前的文献资料，试图消除"天气反映了老天爷的脾气"这一陈旧观念。他在他的经典著作《论衡》中对水文循环做了精彩的叙述：

> "对于来自山上的降水，有些人认为是，云裹挟着雨并随着持续降雨而逐渐消散。他们说的没错，云和雨的确是一回事，水蒸气抬升到高空形成了云，云凝结成雨，或者进一步凝结成露。"

然而王充的研究发现基本被忽视了，直到 19 世纪和 20 世纪中国现代科学事业开始逐步发展时，他的发现才受到重视。

 • 亚里士多德的《气象通论》（公元前 350 年）• 沈括记录气候变化（1088 年）

 这幅《云层与海浪中的巨龙》，是由中国明代一位无名艺术家创作的绢本水墨画。在古代中国，神话传说常常影响着人们对天气的认识。

沈括记录气候变化

古气候学领域的研究对当今气候以及未来气候演变前景都具有重大参考意义，是一项对气候历史变迁中留下的各种历史悠久的线索及证据进行的研究，研究对象包括保存在湖泊或海床中的层状沉积物、树木年轮、化石的化学成分，冰川中的储存着古代气体的气泡，以及各种其他自然资源。

这一领域的大部分科学研究都起源于 19 世纪的西方。但也许最早从大自然中收集特定地区关于气候随时间变化情况并形成了书面记载的人是来自中国北宋时期的沈括，他不仅是一名学者，还是一位工程师、哲学家，同时也是一名官员。

在他创作于 1088 年且广为人知的《梦溪笔谈》中，他给出了对龙卷风和彩虹的解释，并观察到闪电能将房屋内的金属器件熔化但对墙壁的破坏则仅仅是留下了烧焦的印记而已。他还有着深刻的生态学方面的见解，比如注意到对木材日益增长的需求正在侵蚀着森林资源。

沈括最令人瞩目的成果就是他观察到某个地区的气候条件并不是一成不变的，他的这一观点建立在多年前对一个高河岸坍塌后形成的小镇进行连续观测的基础上，这一切都揭示了一个神秘的现象：

> 地下发现了一片竹笋林，这里包含了数百根竹子，它们的根和树干都是完整的，但是都已经变成了石头……现在的兖州已经没有竹子生长了……但也许在非常古老的年代，气候与现在完全不同，那时候这里地势低洼，阴暗潮湿，适合竹子生长。梧州的金华山出现过松果、桃仁、芦苇根、鱼、螃蟹等物种形成的化石，不过这些现在也都还是当地盛产的物种，人们并不感觉惊讶，而这些石化的竹子出现在如此深层的地下，如今竹子在那个区域完全无法生长，这确实是一件非常奇怪的事情。

长期以来，不管是在东方还是西方，人们都认为大自然的基本运作规律在本质上是不变的，但是沈括的观测结果意味着人们对大自然长时间尺度的运作规律的认识已经发生了深刻转变。

另参见 • "冰河时代"一词进入科学领域（1840 年）• 泥炭沼泽的形成历史（1841 年）

这是中国古代科学家、政治家沈括的青铜半身像。他在已经没有竹子生长的地区发现了竹子化石，否定了长期以来人们普遍认同的气候恒定不变这一看法，提出了气候条件可以发生变化的见解。

—————— 从中世纪暖期到小冰期 ——————

持续时间长达几个世纪的中世纪暖期出现在公元 1100 年前后，这个概念是由研究员休伯特·兰姆（Hubert Lamb）于 1965 年首次提出的，他是历史气候领域的先驱者，他还注意到随后出现的温度持续下降的证据，并记录道："在 1500 年和 1700 年之间的时段是自上次冰河时代以来最寒冷的阶段。"

几十年的持续研究填补了该领域的一些空白，但也提出了新的问题，即暖期和随之而来的被称为"小冰期"的寒冷时期在时间和空间上造成的具体影响范围到底有多大。

马萨诸塞大学的雷蒙德·布拉德利（Raymond Bradley）与另外两位合著者共同撰写并于 2016 年发表的一篇论文中提出了对该时期气候情况的另外一种研究思路，即从公元 725 年到 1025 年这一时间跨度可以视为中世纪静默期（Medieval Quiet Period），这是过去两千年中唯一一段连续几个世纪没有出现太阳变化或大型火山对地球系统造成大规模冲击的时期。

对于造成气候变冷这一重大转变的多种影响因子的多种解释，理论之间仍然存在着相互矛盾的情况，而与此同时欧洲发生了一系列灾难性事件，其中包括 1315 年至 1317 年的大饥荒和 1347 年至 1351 年的黑死病。

最新的研究结果表明，在几次剧烈的火山活动期间释放出的具有冷却作用的颗粒物可能是触发因素，北极海冰的扩张则加剧了其影响程度。

事情的脉络逐渐变得清晰起来，一些短暂的破坏性天气系统只是从地球复杂混乱的气候系统中变异出的。2016 年一篇发表在《历史气候》（Climates of the Past）杂志上的论文指出，1430 年到 1440 年似乎就是这种情况。在此期间出现的一段异常寒冷的时期引发了整个欧洲的饥荒和疾病暴发。作者警示道："对 14 世纪 30 年代出现的生存危机的分析表明，那些没有为不利的气候和环境条件做好准备的社会是非常脆弱的，我们可能会因此付出惨重的代价。"

- 伦敦的最后一次冰冻博览会（1814 年）·"冰河时代"一词进入科学领域（1840 年）
- 地球轨道与冰河时代（1912 年）

法兰德斯画家小彼得·勃鲁盖尔（Pieter Brueghel，约 1564—1638 年）的画作《雪中狩猎》（Winter Landscape with Bird Trap），展示了在欧洲气候历史上的那段寒冷时期城镇居民在冰封的湖面上行走的情景。

大航海时代

几千年前，一些无名的勇者在乘坐一艘小船漂流时，将船帆迎风升起，首次将风这种充满变化却又强大无比的力量加以利用，航海的基本概念也由此诞生。

早在 3400 年前，船帆就曾出现在尼罗河上，现在已经在墓葬艺术作品中展出。波利尼西亚文明因为掌握了独木舟的航海技巧和精细的航行线路，其文明势力得以在太平洋随处可见的岛屿上扩张。从中国到阿拉伯地区，再到地中海，世界上许多主要大国都是随着他们在航海技术上的不断增强而逐渐壮大的。

随着时间推移，越来越复杂精细的船体和船帆设计应运而生。从 1414 年到 1433 年，在一次虽然持续时间短暂但却非比寻常的海上力量展示中，中国派遣了一支由六十多艘平底帆船组成的远洋舰队横穿东南亚地区并抵达非洲，根据一些零星的线索，他们可能随后继续向南起航并驶向了大西洋地区。舰队的旗舰是一艘巨大的九桅宝船[1]，长达 121.9 米。

相比之下，在哥伦布 1492 年发现新大陆的航行中，三艘船中最大的圣玛利亚号（Santa Maria）仅有 35 米长。但可惜的是，当欧洲国家继续发展的同时，中国的统治者却将政策转变为闭关锁国。从 1571 年到 1862 年，西方的"大航海时代"来临，这期间涌现了大量具备横渡世界最远海域能力的舰船。

海上军事力量和战术素养的最大考验之一出现在 1588 年，当时西班牙拥有一支包含 130 只战舰的"无敌舰队"（Invincible Armada），他们驶离里斯本，目的是控制英吉利海峡并使 2 万名士兵在英国土地上登陆。不过，突发的恶劣天气和英国射程更远的火炮使伊丽莎白女王的舰队在海战中占据了上风。

到了 19 世纪，海上贸易掀起了一场经济和文化全球化的巨大浪潮，中国的茶叶和加利福尼亚的黄金等奢侈品运输为高速帆船的发展提供了巨大动力。苏伊士运河于 1869 年开通，这是一项伟大的工程，随后世界便进入了蒸汽时代。

---

1 宝船是郑和下西洋时使用的船只，是中国帆船的一种，此处描绘的即为郑和下西洋。——译者注

另参见 • 蒲福与风的分级（1806 年）• 风能的应用（1887 年）

 这幅早在 1700 年创作的画作展示了发生在 1588 年的那场著名的英国舰队与西班牙"无敌舰队"之间的海战，战斗中突然的天气变化给英国带来了有利条件。

温度计的发明

早在公元 170 年，希腊珀加蒙地区的医生、科学家盖伦（Galen）提出，通过混合等量的沸水和冰块的方法来定义标准基线温度，并利用不同位置相对于中心点的热状态划分了四个刻度的高温与四个刻度的低温。

但是 17 世纪早期，意大利威尼斯出现了一种可以计量且以连续标定的方式来测定冷热程度的方法，这种方法显然考虑得更加全面充分，这就是温度计的发明。伽利略在这里和一群对解决科学问题充满激情的同辈人一起，攻克了一系列难关并最终制造了一套被称为测温仪的新型仪器，这套仪器的技术含量距离现代温度计只有一步之遥。

莱斯大学名誉教授阿尔伯特·范·赫尔登（Albert Van Helden）表示，伽利略的这一发明是"自然的数学化"（mathematization of nature），它对科学革命影响深远。范·赫尔登描述了最早版本的测温仪，它利用水体积膨胀来测量温度的变化，这项发明的意义远不止看起来是个新鲜玩意儿这么简单。他引用了与伽利略同时期的贝内代托·卡斯特利（Benedetto Castelli）于 1638 年撰写的一篇文章，文章这样写道：

> 他手持一个大约和小鸡蛋同等大小的玻璃烧瓶，瓶颈约两掌宽，和麦秆一样细，他用手将烧瓶加热，然后把它的开口倒转放入位于他下方的一个盛有一点水的容器中。当他把提供了热量的手从烧瓶表面移开时，水位立即开始在瓶颈处上升，比容器中的水位高出了一掌以上。伽利略团队随后利用这一效应构造出了一种用于测量冷热程度的仪器。

该装置的设计连续几年被其他研究人员改良，特别是桑托里奥·桑托里奥（Santorio Santorio）和伽利略的朋友弗朗切斯科·萨格雷多（Gianfrancesco Sagredo）。他们在细长的瓶颈处增加了一个数字刻度，不久之后，第一次气象温度观测正式开始。

另参见 · 华伦海特制定温度测量标准（1714 年）· 平息一场激烈的辩论（2012 年）

这幅绘制于 18 世纪的油画是伽利略的画像，他是最早提出温度可以精确测量并试图完成这一壮举的学者之一。

解密彩虹

在人类历史上，彩虹一直都是奇迹的代名词和神话的源泉。比如在北欧神话中它是连接地球与众神之家阿斯加德的道路，在某些传说中它是上帝赞许诺亚在大洪水过后修建祭坛的标志，在澳大利亚土著民族的传说中，彩虹蛇是造物者。

在西方文学中，亚里士多德是第一个对彩虹的性质和原因作出解释的人。在他的著作《气象通论》一书中，他提出彩虹是阳光穿过雨云中的水滴出现的特殊反射而形成的。这个概念持续了 17 个世纪，直到 1304 年一位来自德国弗莱贝格市的传教士西奥多里克（Theodoric）提出了不同的理论。他认为每个水滴都能产生彩虹，并利用棱镜、屏幕和装了水的球形玻璃瓶进行实验，结果证明了太阳发射出的光线经过水滴再到眼睛这条传播路径可以让人看到彩虹。

然而西奥多里克的这一深刻见解相对来说还鲜为人知，直到这一成果被勒内·笛卡尔（Rene Descartes）重新发现。笛卡尔是法国数学家和思想家，被许多人称为现代哲学之父。在他写于 1637 年的一篇具有重大影响的论文《陨星》（Les Météores）中，笛卡尔解构了彩虹的物理特性，描述了当光线进入一滴球形表面的液滴时，被液滴弯曲的内表面折射，然后从水滴返回到空气中时再次发生折射这一过程的发生原理。笛卡尔的实验建立在西奥多里克的球形玻璃瓶的基础上，并精确计算了太阳光从不同位置穿过烧瓶的路径，以确定折射角。

后来，艾萨克·牛顿（Isaac Newton）等人提出了"不同波长的光呈现出不同的颜色，而阳光其实由不同波长的光混合组成"等理论。近年来，随着科学家们对彩虹形成过程的深入探讨，这一问题变得更加复杂，例如较大的雨滴其实并不是球体，其底面会在下降过程中因受到空气阻力而变得扁平。高分辨率的数码相机还捕获到了彩虹其他不同寻常的特征，证明了彩虹中仍然存在着更多谜团。

 · 亚里士多德的《气象通论》（公元前 350 年）· "精灵闪电"的存在证据（1989 年）

 在整个人类历史中，彩虹不仅激发了各种神话奇迹以及科学论证，还给艺术带来了灵感，包括这幅由美国画家弗雷德里克·埃德温·丘奇（Frederic Edwin Church）创作的《热带的雨季》（Rainy Season in the Tropics）。

大气的重量

　　从古希腊时代到伽利略时代，学者们都认为空气没有重量。直到意大利物理学家、数学家埃万杰利斯塔·托里拆利（Evangelista Torricelli）为探索真空的科学本质而进行的实验取得了革命性突破后，这种情况才发生了变化。

　　伽利略曾经被一个物理难题所困扰：挖井工人发现从井底向上抽水时，抽水机在垂直方向上无法将水抽到超过 9 米的位置。

　　为了探究这种现象是否涉及真空，来自佛罗伦萨的另一位科学家盖斯帕罗·伯提（Gasparo Berti）利用一根充满水的垂直铅管进行了一项实验，铅管的底端浸没在一个开放式的蓄水池中。科学家们围绕铅管顶部形成的空间的性质进行了持久的辩论。

　　托里拆利于 1641 年搬到佛罗伦萨并担任伽利略的秘书和助理，谁知那竟是伽利略生命中的最后几个月。这位科学界的大师于 1642 年去世，享年 77 岁。而托里拆利接手了伽利略这个未完成的难题，并使用玻璃管和水银代替铅管和水来制造更严谨的实验装置。

　　进一步的实验制造出了真空环境，但更重要的是，托里拆利得出了意义深远的结论：玻璃管中的液体并不是被其内部的神秘力量拉到那个高度的，而是被玻璃管外部的空气重量所产生的压力托住的。在 1644 年 6 月 11 日寄给同事的一封信中，托里拆利写道：

　　　　"我们就像是生活在充满空气的海底一样，实验已经确切地证明大气具有重量，地表附近密度最大的空气重量约为水重量的四百分之一。"

　　托里拆利还观察到，水银柱的高度会随大气条件的变化而变化。根据他后来为演讲做出的笔记显示，他对气压和天气条件之间的关系做了阐述。他的研究成果奠定了气象学的基础："风是由于两个地区之间的温度差异而导致的空气密度差异形成的。"

（另参见）· 地球形成大气层（公元前 45.67 亿年）· 气象学变得更有价值（1870 年）

　托里拆利发明了通过将充满水银的玻璃管倒置在装有水银的圆盘中，来测定玻璃管中水银柱高度的变化程度来确定大气压力的方法。

消失的太阳黑子

长久以来，科学家们一直在探索太阳黑子与地球环境之间可能存在的关联，太阳黑子是一种太阳高温表面下出现的突出可见的磁场干扰现象。最早出现的对太阳黑子的观测记录来自公元前 28 年中国西汉时期。在 17 世纪早期，伽利略以及其他同时期的人开始使用最早的天文望远镜对太阳黑子进行了大量记录。从 1801 年英国天文学家威廉·赫歇尔爵士（Sir William Herschel）开始，科学家们陆续提出太阳的变化可能会影响地球气候系统。

在 19 世纪中期，人们发现太阳黑子活动呈现脉冲状的周期变化，周期为 11 年。随后研究人员发现太阳黑子活动会在长达数十年的时期内处于平静状态或者过度活跃状态，他们把这种现象称为太阳黑子极小值和极大值。这种事件中最著名的就是蒙德极小期（Maunder Minimum），这是出现于 1645 年到 1720 年的一段异常的太阳平静期。1976 年，天文学家约翰·A. 艾迪（John A. Eddy）在《科学》（Science）杂志上发表的一篇具有里程碑意义的论文中揭晓了蒙德极小期的持续时间。艾迪仔细搜寻了一系列令人震惊的证据，从树木中的碳同位素到过去的日食及太阳黑子模式的记录。他将这一现象用蒙德命名，这是为了向爱德华·蒙德（Edward Maunder）和安妮·蒙德（Annie Maunder）致敬，他们是天文学家中的一对夫妻组合，对古代太阳黑子记录做了细致的研究工作，并在 1894 年发表了研究成果，其中首次提出了太阳黑子的间隔期的概念。

蒙德极小期出现的时期恰好为持续时间长达数个世纪，被称为小冰期的那段时期，最初这被认为是那段严寒期出现的重要影响因素。不过最近的研究结果表明，占据主导地位的是其他影响因素。

一些科学家提出，21 世纪早期太阳活动变化可能是一个新的太阳活动极小期的开始，极小期在过去一千年中只出现过五次。考虑到这一点，2013 年美国国家大气研究中心的科学家对新出现的太阳黑子活动低谷能否使地球出现足够程度的降温从而阻止全球变暖这一问题进行了研究。研究结论是，这种程度的太阳黑子活跃下降可能减缓全球变暖，但从长远来看并不能阻止变暖的趋势。

 · 从中世纪暖期到小冰期（1100 年）· 太空天气来到地球（1859 年）

 太阳黑子活动存在着平静期与活跃期，这影响着到达地球的能量。美国国家航空航天局（NASA）于 1998 年 10 月 28 日和 2001 年 3 月 28 日拍摄的这两张照片分别展示了太阳黑子活动处于平静（下方图片）和活跃（上方图片）状态下的两种情况。

华伦海特制定温度测量标准

利用玻璃管中的液体测定温度的温度计是在 17 世纪 30 年代发明的，但是使用这个仪器的科学家和学者们却都有着各自的衡量标准或者不同的参照点。

没有通用的衡量标准，就无法以一致的方式比较不同地点或不同时间的测量结果。想象一下，科学观测结果甚至是一个蛋糕配方，在没有通用标准的情况下，都毫无意义。然而直到 18 世纪，温度标准才浮现在世人面前。

华氏温标的发明者是丹尼尔·加布里埃尔·华伦海特（Daniel Gabriel Fahrenheit），他是波罗的海但泽港口（今波兰格丹斯克）的一个富有的德国商人家族的继承人。据一些报道称，在他 16 岁时，父母因为误食了有毒的蘑菇而在同一天去世，之后他被送往阿姆斯特丹为一名店主工作。在店中工作了四年后，华伦海特对制造包括温度计在内的科学仪器开始产生兴趣。他于 1714 年首次发明了两个酒精温度计，并标定了从 0 华氏度（冷冻盐水溶液的温度）到 212 华氏度（沸水温度）的温度刻度。

瑞典天文学家安德斯·摄尔修斯（Anders Celsius）是这一时期众多研究百分温标的科学家之一。其方法的与众不同之处在于他在两端都使用了大家熟悉的测定基准，他把水的沸点确定为 0 度，而冰点确定为 100 度。后来，这两个基准点进行了互换，由此确定的温标一直沿用至今。摄尔修斯将这一温度测定标准命名为摄氏温度，也就是拉丁文中一百步的意思。到了 1948 年，世界上大部分国家都采用摄氏温标作为温度的标准测量单位。

开尔文温标是以威廉·开尔文男爵（William Lord Kelvin）的名字命名的，他是格拉斯哥大学的工程师和物理学家，曾在 1848 年发表的一篇论文中提出温度应当从"无限冷"开始度量。开尔文温标主要用作物理科学中的温度测量单位。科学家们通常同时使用开尔文温标和摄氏温标，开尔文温标中的绝对零度相当于摄氏温标中的零下 273 摄氏度。

另参见 • 温度计的发明（1603 年）• 平息一场激烈的辩论（2012 年）

图中的温度计是由丹尼尔·加布里埃尔·华伦海特设计的早期温度计，由黄铜、玻璃和水银制成，刻度从 -4 华氏度到 132 华氏度。

四弦琴上的四季

纵观人类历史，从用大鼓敲出的阵阵雷声到日本长笛模拟出的欢快风声，再到智利印第安人用干仙人掌制造出的雨滴棒发出的滴滴答答的雨声，不同天气发出的声音影响了音乐和乐器的发展。在西方古典音乐中，气象学的影响最早在《四季》中得到了充分阐述，这是由意大利小提琴演奏家安东尼奥·维瓦尔第（Antonio Vivaldi）于 1721 年创作的一组协奏曲。

协奏曲的每一乐章都使用了可以传达出一年中当季气象状态的音符，或是凛冽刺骨的寒风，或是昏昏欲睡的慵懒。每一乐章后都附有一首十四行诗，例如夏天这一乐章中就包括了这样一行诗句：

> 柔和的微风正迎面吹来，然而转瞬间，怒号的北风就将它吹得烟消云散。

路德维希·范·贝多芬（Ludwig van Beethoven）在 1802 年开创了一种直接模仿的方法来表达对天气的感知。在他的《田园交响曲》第四乐章中，一场暴风雨如同排山倒海般袭来，然后逐渐消散，这对当时的观众来说一定是一次难以忘怀的听觉盛宴。其他作曲家也很快进行了各自的尝试。2011 年，牛津大学物理学家凯伦·L. 阿普林（Karen L. Aplin）和雷丁大学大气科学家保罗·D. 威廉姆斯（Paul D. Williams）在英国杂志《天气》（Weather）上发表了一篇论文，文中对这几十年来古典音乐中出现天气要素的频率进行了统计（这两位作者同时也是古典音乐家），他们发现对于古典音乐家来说，风暴是迄今为止出现频率最高的天气现象。

到了 19 世纪晚期，人们发明了专门用于模拟天气现象声音的乐器以扩充传统管弦乐器，包括金属材质制成的"雷鸣板"和风声器。风声器是一种旋转的、被丝绸覆盖的鼓，可以发出风一样的嗖嗖声。

随着人们对温室气体排放增加带来的气候变化愈加担忧，2013 年，明尼苏达大学的年轻大提琴家、地理系学生丹尼尔·克劳福德（Daniel Crawford）尝试了一种新颖的气候数据声波化的方法。他谱写了一部大提琴独奏作品，其中每个音符都代表了美国宇航局记录的 1880 年至 2012 年的全球平均气温数据。在那以后，他和其他人还创作了很多这样的音乐。

（另参见）• 中国神话到气象学的转变（公元前 300 年）• 火山爆发、饥荒与各种灾难（1816 年）

图中怀抱小提琴的人是安东尼奥·维瓦尔第，他是最早从气象学中获取灵感的西方作曲家之一。

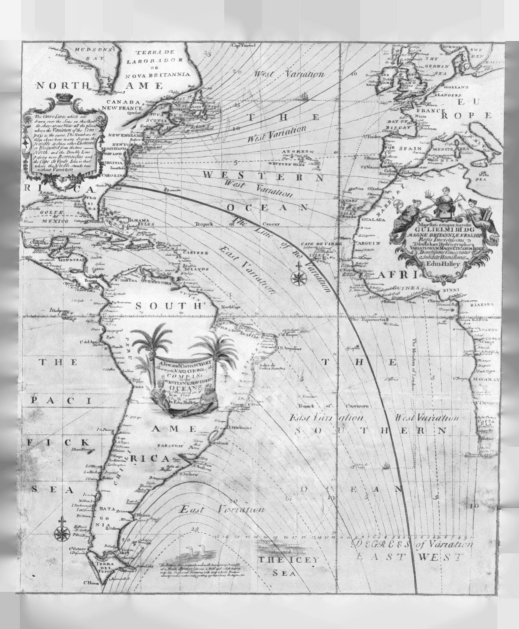

全球风向分布图的绘制

埃德蒙·哈雷（Edmond Halley）是一位以天文学和数学研究成果而闻名的科学家，他曾试图解释为什么世界上不同的地理区域都存在着可以被预测的风。1676 年，他曾乘船从北温带地区经过赤道往南航行至位于南大西洋的遥远的圣赫勒拿岛以研究南半球的星空。1686 年，哈雷发表了一份全球风向分布图和一篇具有创新性的论文，文章指出热带地区的热量是吹向赤道或吹离赤道的风形成的驱动因素。他提出，气团向西运动与太阳每天东升西落有关。后来他的同事数学家约翰·沃利斯（John Wallis）对太阳是否能造成如此广泛的影响提出了质疑。哈雷甚至也开始怀疑自己的假设。

乔治·哈德莱（George Hadley）是一名律师，同时他还在业余时间学习气象学。1735 年，他解开了这个气象难题的一个重要部分。在哈德莱撰写的一篇具有里程碑意义的论文《常驻信风环流的成因》（*Concerning the Cause of the General Trade Winds*）中，他的观点与哈雷不谋而合，即空气受热抬升并向极地方向流动，在此过程中冷却下沉，形成一个环流圈。不过有别于哈雷的是，他还解释了为何在环流过程中风向发生了偏转，这是因为赤道地区的地球自转速度最高，因此附近的气团的运动速度本质上是落后于气团下方地球表面的运动速度的，他写道：

> 当空气从热带地区向赤道方向运动时，它的速度要低于它即将抵达地区的速度，于是在该地区将会产生与地球的周日视运动[1]方向相反的相对运动，所以当北半球的气团向赤道方向运动时，最终会在赤道该侧形成东北风，而同样的情况出现在南半球则会形成东南风。

又过了一个世纪，这个复杂系统中的其他关键细节才被一一阐明。但是基本的大气环流特征仍然以哈德莱环流这个命名为众人周知。

1　周日视运动是指地球绕轴自转导致地面上的观测者观测天空上的天体时所出现的明显的视运动状态。——译者注

 · 蒲福与风的分级（1806 年）· 风能的应用（1887 年）

 埃德蒙·哈雷在 1676 年起航前往南大西洋的圣赫勒拿岛的行程期间进行了观测，十年后他根据其中部分观测结果绘制成了一幅热带信风分布图，这被认为是地图制图学历史上的一个里程碑。

—— 本杰明·富兰克林的避雷针 ——

本杰明·富兰克林（Benjamin Franklin）最为大众所熟悉的身份是美国开国元勋。不过，他同时还是一位作家、印刷商、发明家、科学家、邮政局长、外交官和社会活动家，并且对早期关于电的科学研究特别痴迷。1747 年，富兰克林开始了他的实验，却意外地遭受了一次强烈的电击，后来他在一封信中描述道："我从头到脚都受到了巨大冲击。"

当他还是一名气象专业的学生时，他就确信闪电与静电类似，并开始探索如何保护建筑物免受这种强烈天气带来的威胁。1749 年，富兰克林提出了这样一种理论，即连接到地表的尖头铁棒可以保护建筑物免受闪电伤害。

1752 年 6 月，富兰克林在费城一座刚建成的教堂进行了他的传奇实验，也就是雷雨天气中放飞一个绑了铁钥匙的风筝。富兰克林很幸运，他在这次实验中活了下来，而后来试图重复这一实验的一些人都因触电身亡。随着他的研究成果传至欧洲，人们进行了几次实验证实了他的想法。

风筝实验和避雷针设计都证明了同一个科学原理，那就是，电流会向到达地面的各条路径中电阻最小的那条流动。基于这些见解，富兰克林于 1753 年在由他撰写发行的年刊《穷理查年鉴》（Poor Richard's Almanack）上发表了一篇文章，描述了一种保护房屋免受雷击的方法。他的整套保护系统由三个关键设备组成：安装在屋顶顶部的金属棒、安装在屋顶的水平导体，以及将电荷输送至地面的垂直导体。

富兰克林在自己家里也安装了一根避雷针，并且增加了一个新颖的设计。当接地线有电流通过时，铃声就会响起，这样每当房屋上方的空气被电离时，他就可以第一时间获悉。富兰克林设计的避雷针最终被安装在一些高耸的建筑物上，包括宾夕法尼亚州议会大厦，这里后来成了美国独立纪念馆。

另参见 • 富兰克林追逐旋风（1755 年）• "精灵闪电"的存在证据（1989 年）• 极端闪电（2016 年）

这幅画由美裔英国画家本杰明·韦斯特（Benjamin West）创作，展示了本杰明·富兰克林那著名的风筝实验。图中本杰明·富兰克林正在从空中吸引闪电（约 1816 年）。

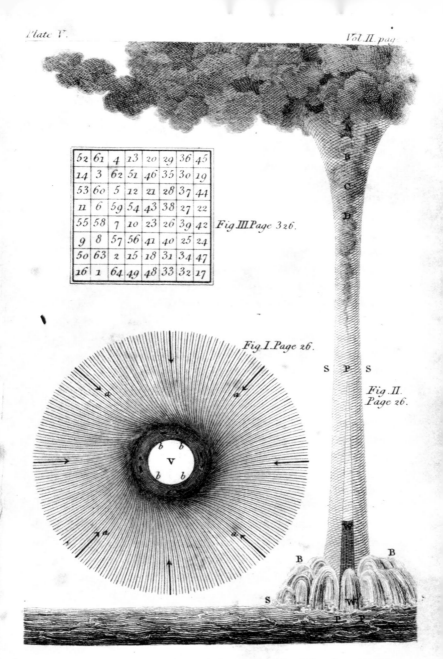

52	61	4	13	20	29	36	45
14	3	62	51	46	35	30	19
53	60	5	12	21	28	37	44
11	6	59	54	43	38	27	22
55	58	7	10	23	26	39	42
9	8	57	56	41	40	25	24
50	63	2	15	18	31	34	47
16	1	64	49	48	33	32	17

Fig. III. Page 326.

Fig. I. Page 26.

Fig. II. Page 26.

富兰克林追逐旋风

除了关注闪电和与电有关的研究之外，本杰明·富兰克林还一直痴迷于龙卷风以及其他旋风的研究。这一点在他一系列信件和著作中都有明显体现，尤其是他发表于 1753 年的一篇论文，这篇论文对水龙卷进行了详细论述，包含详尽的图表，阐述了他关于水龙卷构造解析和能量特征的理论研究。

但他显然渴望更近距离观察。1755 年，富兰克林和他的儿子威廉来到本杰明·塔斯克上校（Colonel Benjamin Tasker）位于马里兰州的庄园中做客，当他们骑马行进在乡间道路上时，他们遇到了一个新形成的尘卷风。富兰克林的朋友彼得·科林森（Peter Collinson）是一位经常以电为主题进行报道的通讯记者，在富兰克林写给他的一封信中详细叙述了接下来发生的事情。以下是一段摘录：

> 它出现时像个棒棒糖，绕着他的中心点不停旋转，朝着站在山上的我们移动过来，并且在靠近的过程中逐渐增长变大。当它从我们身边掠过时，靠近地面的一小部分结构看起来并不比一个普通的桶大，但是随着高度上升，其结构就越来越大，整体大概有 12.2 米或 15.2 米高，直径大约 6.1 米或 9.1 米。在场的其他人都站在远处看着它，但我的好奇心越来越强烈，于是我骑上马跟在它的一侧，并观察到它在行进过程中将周围所有灰尘都席卷至他下方那一小部分结构的位置。由于大家普遍认为，朝着水龙卷开一枪就可以破坏他的整体结构，我不停地用我的鞭子抽打它，试图破坏这个小旋风的结构，不过这没有起到任何作用。

当旋风掠过烟草地后逐渐消散，天空中满是四处纷飞的树叶，这场追逐也随之结束。富兰克林用这句俏皮话结束了他的书信："当我问塔斯克上校这种旋风在马里兰州是否很常见时，他笑着回答道：'不，这一点也不常见，但我们特意准备了它来款待富兰克林先生。'没错，这的确是一个非常高规格的款待……"

 • 本杰明·富兰克林的避雷针（1752 年）• 蒲福与风的分级（1806 年）

 1806 年，对水龙卷的论述与本杰明·富兰克林的论文《水龙卷和旋风》（*Water-spouts and Whirlwinds*）一起，在《已故的本杰明·富兰克林博士的哲学、政治学和道德全集》（*The Complete Works in Philosophy, Politics, and Morals, of the Late Dr. Benjamin Franklin*）中进行了再版印刷。

探空气球首次升空

1783 年 11 月 21 日，让·弗朗索瓦·皮拉特·德·罗齐尔（Jean-François de Pilâtre Rozier）和达兰德侯爵（the marquis d'Aalandes）首次完成了载人气球飞行。这是一个意义非凡的时刻，富兰克林见证了这一切。在富兰克林的日记中，他描述了热气球冉冉升起的那一刻："我们注视着它以最庄严的方式缓缓升起。当它上升到海拔 76.2 米左右的高度时，勇敢无畏的旅行者压低了他们的帽子，向众人致敬，我们的心头情不自禁地涌上一股敬畏与钦佩交织的感情。"

在这次飞行之前，一个气象观测气球首先被释放升空来进行高空风的检验，这是一个虽然很小却意义深远的里程碑。在随后的几十年中，越来越复杂的气象探空气球被用来揭示大气的结构和组成，它们至今仍然在为气象学家提供着至关重要的数据。

法国气象学家莱昂·泰瑟伦克·德·波尔特（Léon Teisserenc de Bort）是这项研究的先驱之一。1896 年，他发现在海拔 11 千米的高度以上，大气温度保持相对恒定。1900 年，他得出结论，大气层分为两层，他将低层大气称为对流层，或者叫"变化层"。对流层不仅包含大气中的大部分空气和氧气，而且也是所有天气现象出现的地方。平流层则指看起来相对稳定的高层大气。

就算我们现在拥有了卫星以及其他各种监测系统，仍保持每天两次分秒不差的同时从世界各地 800 个地点释放气象探空气球，来进行气象观测的探测频率。它们携带着无线电探空仪上升到大约 29 千米的高空，来收集气象要素信息用于天气预测，随后温度、湿度和大气压读数会通过无线电传输到地面站。这些数据有助于绘制天气图或改进用于生成天气预报的预报模型。

其他种类的气象探空气球可用于一些科学研究项目，例如气候变化或空气污染。科学家们还将携带了探测仪器的气球放到风暴中，这样他们就能获取到该风暴不同高度层的风速和风向数据。

另参见 · 富兰克林追逐旋风（1755 年）· 风能的应用（1887 年）

早期的无线电探空仪使用的是充满氢气的气球。如图所示，经纬仪用于追踪气球的飞行轨迹，直到气球彻底消失在视野之中。

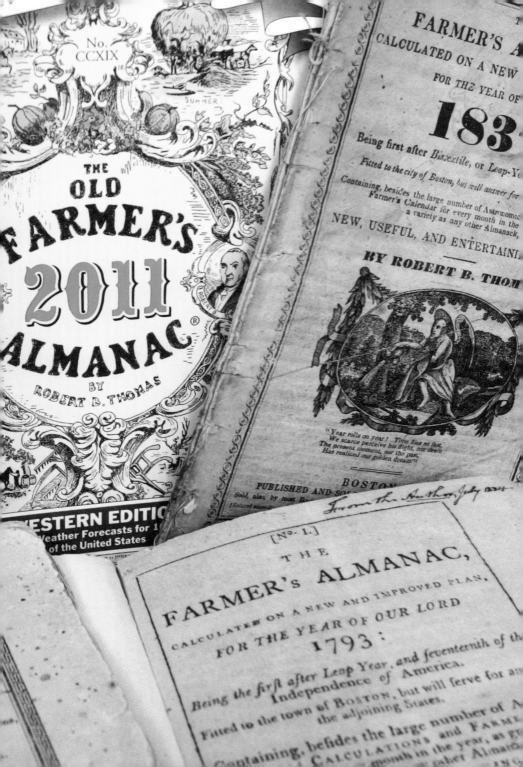

《农夫年鉴》

　　虽然 18 世纪以来已经涌现了许多年鉴，但最著名的还是以其强大的长期天气预报能力著称的《老农夫年鉴》（The Old Farmer's Almanac，最初叫《农夫年鉴》），它由罗伯特·托马斯（Robert B. Thomas）创办，自 1792 年创刊以来从未间断过出版。

　　托马斯观察了太阳活动周期和其他现象，创建了一个秘密天气预测模型，该模型现在还被保存在美国新罕布什尔州都柏林的杂志社办公室中一个上了锁的黑色铁盒中。该杂志长期以来声称其预测准确率为 80%。然而 1981 年，两位大气科学家约翰·沃尔什（John Walsh）和戴维·艾伦（David Allen）在《天气》（Weatherwise）杂志上发表了截然不同的结果，他们评估了大量《农夫年鉴》中对温度和降水的预报样本，发现它们的预报准确率大约在 50%。

　　这份出版物长期以来一直暗示不要太过认真严肃地对待他们做出的预报。正如托马斯在 1829 年写的那样："我们会努力使这份年鉴变得有用，但其中会带着令人愉快的幽默感。"

　　大约在 1816 年偶然间发布了一次异常准确的预测后，年鉴的受欢迎程度据说大大提高。据《农夫年鉴》和《美国佬》（Yankee）两份杂志的现任资深主编贾德森·黑尔（Judson Hale）回忆说，在当年的版本中，因为疏忽，1 月、2 月的天气预测和 7 月、8 月的位置放反了。年鉴的创始人拼命地想要召回所有杂志，但发布了这一预测的消息已经传播出去了。黑尔写道："他成了许多人嘲笑的对象，然而时间到了七月，整个新英格兰地区真的都出现了雨、冰雹和雪！"

　　事情的真相是，1815 年印度尼西亚的坦博拉火山喷发，将气体和火山灰喷射到高空中，导致全球气温下降，并为处于夏季的新英格兰带来了降雪。1938 年出版的年鉴中再次出现了一个错误，不过这次就没有那么走运了，编辑罗杰·斯凯夫把温度和降水平均值写到了预测结果里。年鉴网站的记录写道："公众的抗议非常强烈，虽然他在次年出版的刊物中修改了预测结果，但为时已晚。"

 • 火山爆发、饥荒与各种灾难（1816 年）• 土拨鼠日（1886 年）

 可能由于长期天气预测背后"秘密公式"的存在，《老农夫年鉴》在创刊两百多年后，仍有不少狂热的追随者。

—— 卢克·霍华德与云的命名 ——

在 1802 年 12 月的一个晚上，来自伦敦的药剂师兼业余气象学家卢克·霍华德（Luke Howard）成了首个提出云分类方法的人。他将这一想法在几个年轻科学知识分子的小型聚会上进行了分享，这些人把自己的小组织称为阿斯克辛学会（Askesian Society）。霍华德在那天晚上发表了题为"云的多变形态"（*On the Modification of Clouds*）的演讲，开篇如下：

> 可能有些人会觉得我今天晚上的演讲是一个非常不切实际的主题，它与云的形态变化有关。自从气象学越来越受关注以来，对悬浮在大气中的水滴呈现出各种形态进行研究的诉求已经成为一个充满乐趣甚至非常必要的研究方向。如果云仅仅是存在于大气中蒸汽凝结的结果，又如果它们的变化仅仅是因为大气的运动所产生的，那么这项研究确实可能被视为徒劳无益的诉求……

这次演讲实质上预示着气象学中正式开启了一个新的科学分支。第二年，他就将演讲内容作为一篇论文进行了发表，文中他用自己画的示意图对不同云的类型进行了说明，这一成果在随后近 20 年里都出现在出版物中。值得关注的是，这些年里虽然有一些微小的改动，但霍华德对于云的分类的方法实际上一直沿用至今，气象学家和广大公众仍然使用卷云（cirrus）、积云（cumulus）和层云（stratus）等术语来描述不同的云。

霍华德对云的分类工作是一种启示，给一个缺乏整合分类思维的学科带来了秩序感和认知感，更不用说给那些有文献记载的，关于气压、温度、降雨和云层之间到底存在何种相关的基础理论带来的影响了。也许更令人印象深刻的是他判断客观事实的能力，他认为云必须被视为"具有重大理论和实践研究意义的学科……受固定的物理定律约束"。尽管在霍华德的那个时代，人们对空气和水蒸气所涉及的物理学知识的认知还比较差，但他关于云的物理学观点大体上是正确的。

 蒲福与风的分级（1806 年）· 第一版国际云图（1896 年）

 这是卢克·霍华德对云的分类进行的开创性描述中所绘制的示意图之一，这一工作成果于 1803 年出版。

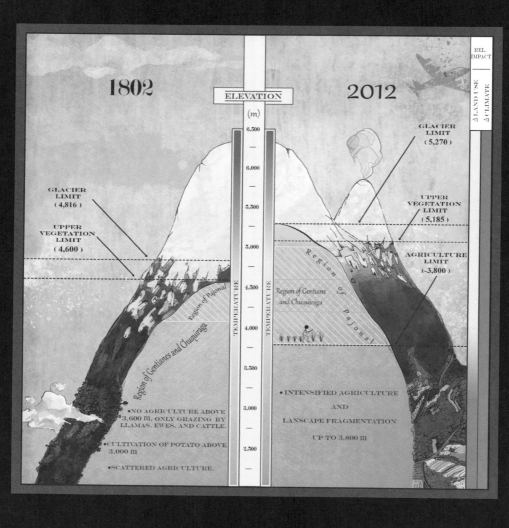

—— 洪堡：地球是充满关联的整体 ——

在 19 世纪初，有流言称拿破仑·波拿巴（Napoleon Bonaparte）只羡慕一个人，那就是亚历山大·冯·洪堡（Alexander von Humboldt）。这位足迹踏遍世界各地的普鲁士博物学家和地理学家对当地的环境细节、地球万物间的内在联系甚至覆盖范围越来越广泛的人类活动对地球的潜在威胁都有着深刻的认知和见解。

在前往美洲探险期间（1799—1804 年），洪堡在日记中写道"人类的恶行"扰乱了"大自然的秩序"。

1802 年，洪堡攀登超过 5 791 米来到了钦博拉索山（Mount Chimborazo）的侧面，这座火山位于当时被称为大哥伦比亚共和国的地方（今厄瓜多尔），他不仅创造了登山纪录，而且更深入透彻地洞悉了关于生命体和物质世界之间的相互关联。基于探险途中的草图，他随后绘制了一份带有注释的山区气候生态区的侧视图，这项工作举世瞩目，一些现代插图画家认为这是世界上第一张信息图。

2012 年，一个由科学家组成的国际团队复刻了洪堡的攀登路线和分析过程，以同样的风格和方式绘制了信息图，并对比了洪堡信息图中的生态区和现代信息图中的该地区之间的差异。他们的研究结果与对比图于 2015 年在《美国国家科学院院刊》（Proceedings of the National Academy of Sciences）上发表，展示了气候变暖和农业侵蚀给生态系统造成的巨大变化。

后来，洪堡提出了等温线的构想，时至今日等温线仍然绘制在天气图上。另外，在他帮助建立测量地球磁力台网的过程中，他成了国际科学合作思想的传播者。

他的游记和著作鼓舞着从查尔斯·达尔文（Charles Darwin）到约翰·缪尔（John Muir）的一批科学家和环保主义者。洪堡对科学和社会的重要性可以通过他人的评价窥探一二，比如达尔文认为他乘坐英国皇家海军舰艇小猎犬号（HMS Beagle）进行的探索之旅是受到了洪堡游记的启发。达尔文写道："洪堡是有史以来最伟大的探险科学家。"他还补充道："我对他非常尊敬。"托马斯·杰斐逊（Thomas Jefferson）则称洪堡是"这个时代最璀璨的明珠之一"。

（另参见）· 火山爆发、饥荒与各种灾难（1816 年）· 第一版国际云图（1896 年）

 2012 年，一个由科学家组成的国际团队复刻了洪堡对钦博拉索山的探索之旅，并在 2015 年刊发了以洪堡的方法绘制的现代版本信息图，并在旁边配上了原始版本，展示了气候和生态的变化。

蒲福与风的分级

什么是微风？什么又是大风？直到 19 世纪早期，定义风力的标准方法才出现。英国皇家海军中的一位爱尔兰军官弗朗西斯·蒲福（Francis Beaufort）用了一种最简单直接的方式：将风速描述为环境特征的函数，从波浪到树枝，它们都受空气流动的影响。这就是现在被称为表征风速的"蒲福风级"。

根据英国气象局的说法，蒲福是在英国皇家海军舰艇伍尔维奇号（HMS Woolwich）上服役时发明这个分级方法的。关于这个方法的第一份书面记录是他 1806 年 1 月 13 日的一份私人航海日志，记录中写道他"从此以后"将利用一系列大自然的线索来"评估风力"。到了 1807 年，他将分级稍微做了些修改，共划分 13 个风级，编号从 0 一直到 12。例如，蒲福风级为 0 时的风是用来描述风速低于 1 knot，也即 1 海里 / 小时的静风，此时"大海看起来像一面镜子"。随着蒲福风级的增加，风速也随着相应条件的变化而增加。你一定不想在海上遇到 12 级风，也就是飓风："骇浪滔天，海面因为泡沫和浪花完全变成了白色。空气中也充满了海浪白沫，能见度急剧下降。"蒲福风级最高可以达到 17 级，但 13 到 17 级风只适用于热带台风。

到了 1916 年，随着蒸汽迅速取代帆作为舰船航行的动力，关于帆船在风中的部分描述被删除了，并增加了更多关于海面情况的细节描述。蒲福风级同样有 13 个等级适用于陆面情况，不过描述部分对应的是陆地对风的变化形成的反馈的描述。比如 1 级对应的描述为"烟雾垂直上升"，而 12 级对应的描述为"植被遭受了大范围的严重破坏，一些窗户破损，可移动房屋、简陋的棚屋和谷仓会受到结构性破坏，碎片可能四处乱飞"。

如今气象学家已经很少使用蒲福风级了，但如果手头没有可用仪器的话，它仍然是一个很好的风力分级方法。

 • 全球风向分布图的绘制（1735 年）• 最快的阵风（1934 年）• 窥探危险的下击暴流（1975 年）

 蒲福风力等级在海上或陆地上根据视觉信号定义了 13 个等级。 本书的作者安德鲁·雷夫金（Andrew Revkin）于 1980 年在红海最南端遭遇了蒲福风级为 7 级的风力，当时他还是流浪者号环航帆船上的海军大副。正如分级描述里记录的那样，当风力达到蒲福风级 7 级时，"海面掀起海浪，浪花溅起的白色泡沫沿着风的方向被成条状吹起"。

—— 伦敦的最后一次冰冻博览会 ——

根据记载，早在公元 250 年，伦敦的泰晤士河就覆盖着厚厚的冰层。据各种历史记录显示，在 1309—1814 年，有超过 20 个年头的冬天，泰晤士河上的冰层都厚得足以支撑人们在冰上举办各种商业活动。

在那些异常寒冷的年份到来时，一系列的"冰冻博览会"也应运而生。当冰面成为游乐场、高速公路甚至广场时，那便是一场当时的记录所记载的"冰上狂欢节"的到来。在那个年代，河道看起来更容易变成冰面，因为那时的河道比现在更宽，因此水流速度也就更慢，此外，为了拦截河水中的漂浮物和浮冰，旧伦敦桥下设置了 19 个弓形河道，使河水的流速进一步减缓。

历史上 7 次著名的大型冰冻博览会出现在 1607—1814 年的寒冷冬季，这段时间处于后来被称为"小冰期"的气候时期的中间点。在 1607—1608 年的博览会期间，理发师、鞋匠和其他商人在冰上建起了各自的店铺，印刷机印刷了大量纪念卡，炙烤的牛肉和饮酒的人群随处可见。

在 1683—1684 年极端严寒的冬季期间，泰晤士河被冰封了两个月。那一年的狂欢节被称毛毯博览会。《泰晤士报》一位著名的记录者约翰·伊夫林（John Evelyn）在日记中描述了这一场景：

> 马车在威斯敏斯特、西敏寺以及其他几个地点之间的冰面上来来回回往返，就像行驶在街区道路上一样。你可以在冰面上一边滑行一边享受这场博览会，纵犬咬熊戏、马和马车的竞速比赛、木偶戏和幕间插曲等各种各样的表演及娱乐项目让人目不暇接，这一切看起来似乎都像是在庆祝胜利或者举办一场冰上狂欢节，然而这种程度的严寒对陆地来说却是一场严重的灾难，树木像遭遇雷击了一样被冻裂，多个地区都出现了人和牲畜因严寒致死的事件，整片海洋都遭遇了冰封，没有一艘船能驶入或驶出。

后来，随着气候逐渐变暖，再加上旧伦敦桥于 1831 年被一座可以让河水直接流通的新桥取代，河水不再那么容易结冰了。

 · 从中世纪暖期到小冰期（1100 年）

图为泰晤士河上的冰冻博览会（创作于约 1685 年，画家不详），画面远端是旧伦敦桥，图中展示了伦敦市民聚集在冰封的泰晤士河上庆祝节日的场景。

1816 年

── 火山爆发、饥荒与各种灾难 ──

1816 年夏天，诗人拜伦勋爵（Lord Byron）邀请了几位文友到他位于瑞士日内瓦湖畔的家中做客。然而天空变得异常阴沉，一场冰冷的降雨不期而至。为了打发时间，拜伦建议他们写点恐怖惊悚的故事。拜伦的其中一位客人玛丽·雪莱（Mary Shelley）在创作过程中进入了"清醒梦境"，她写下的故事最终以《科学怪人》（*Frankenstein*）这个永不过时的恐怖故事完结。拜伦勋爵受到启发，写下了《黑暗》（*Darkness*）这首诗，开头是：

> 我曾做了个梦，却又似梦非梦
> 耀眼的太阳再无光亮
> 星星在暗淡无光的永恒虚空中游荡徘徊
> 无光，无路，只剩下那万物冰封的大地

这些文人并不知道，这阴沉的天气仅仅是一年前地球的另一端发生的地质灾难所引发的全球性气候剧变中的冰山一角。

1815 年 4 月 10 日，位于荷属东印度群岛（今印度尼西亚）的酝酿已久的坦博拉火山（Tambora）爆发了，在爆发过程中它甚至喷掉了自己的山顶部分。火山爆发发出的爆炸声在 2414 千米以外的地方都能听到，漫天的火山灰、引发的海啸以及坠落的碎石造成了数千人死亡。

这座火山在爆发过程中还向大气层中释放了数以万计的含硫颗粒物，这些颗粒物在空中形成了一个快速扩散的尘埃层，阻挡了阳光照射地面。拜伦勋爵和他的客人所经历的寒冷潮湿的天气实际上带来了非常可怕的后果，爱尔兰和英格兰的小麦、马铃薯和燕麦严重减产，导致了 19 世纪欧洲最严重的饥荒。这一年被称为"无夏之年"或者"冻死人的 1816 年"。

火山喷发还影响了艺术。火山喷发产生的气溶胶所形成的景观成了那个时代绘画作品的热门主题，其中就包括约翰·康斯特布尔（John Constable）描绘暴风雨中的海岸线的画作。

（另参见）• 恐龙灭绝与哺乳动物崛起（公元前 6600 万年）• 四弦琴上的四季（1721 年）• 核冬天（1983 年）

图为英国画家约翰·康斯特布尔创作的作品《韦茅斯湾》（*Weymouth Bay*），描绘了坦博拉火山爆发后，英格兰南部海岸那灰暗的天空。这幅画创作于 1819 至 1830 年之间，其灵感来自1816 年，也就是"无夏之年"，康斯特布尔在他的蜜月旅行中创作的早期作品。

西瓜雪

1818 年，约翰·罗斯爵士（Sir John Ross）受命担任英国海军探险队队长，率领了一支探险队试图寻找传说中的北美西北航道。复杂的地理环境使他困惑不已，最终他无功而返。在沿着格陵兰岛的西海岸航行时，他发现了一个非常诡异的情况，那就是在白雪皑皑的悬崖上可以看到粉红色的雪。罗斯停下来采集了这种雪的样品带回了英国，当然，抵达英国的时候雪的样本已化成了水。1818 年 12月 4 日的《伦敦时报》对这一发现表示了怀疑：

> 约翰·罗斯爵士从巴芬湾带回了一些红色的雪，或者更确切地说，是雪水，并且已经呈交给了国家进行化学分析，以便发现其着色物的性质。在这种情况下，我们不知是否要轻易相信他，这将我们置于极大的考验之中，但我们也无法以任何理由怀疑他所陈述的事情。

其实早在亚里士多德时期，就有学者描述过粉红色的雪，不过现在已经进入了可以进行科学分析的时代。罗斯提出粉红色是由富含铁的陨石碎片引起的，但苏格兰植物学家罗伯特·布朗（Robert Brown）则认为藻类才是把雪变成粉红色的"罪魁祸首"。最终结果表明，布朗的推论是正确的。

从南极洲到犹他州的多雪地区已经发现了这种雪，不过现在人们通常称之为西瓜雪。这种粉红色的雪通常出现在春末和夏季，因为当休眠的藻类被一薄层雪融水覆盖并沐浴在阳光下时，它们就会开始焕发生机。藻类虽是绿色的，但它会生成一种红色素作为自己的天然防晒霜，来抵御太阳光中对自己有害的波长。

雪的颜色的改变加速了它的融化过程，因为一部分太阳光会被白色表面的雪反射，但是颜色改变后这部分太阳光就会被吸收。德国和英国科学家们在 2016年发表的一项研究结果显示，在像格陵兰岛这样的地方，冰川会因为藻类的滋生加深其表面颜色而加速融化，因此，在利用模型预测气候变化的影响时，需要将这一影响纳入考虑范围。

 • 严寒使北极探险家难逃厄运（1845 年）

 粉红色的雪，也被称为西瓜雪，本图中的地点位于意大利北部的多洛米蒂山脉中三指峰（Tre Cime di Lavaredo），这里的西瓜雪是由鞭状雪地衣藻（*flagellate Chlamydomonas nivalis*）引起的。

人人有伞

几千年来，人们一直在寻找和改善可以使自己免受路途中雨淋日晒的方法。可以实现类似功能的这种装置的最古老的记录出现在古埃及的象形文字和雕刻之中，记录显示皇室和众神都配有遮阳伞遮挡在头顶。历史上首次使用防水雨伞大约是在 3000 年前的古代中国，就像在埃及一样，这种保护人们免受自然条件困扰的装置是皇室和贵族的象征。中国古代皇帝所使用的是厚达 4 层的精心制作的伞，在某些画作中，暹罗和缅甸的统治者使用的伞甚至厚达 24 层。

几个世纪过去了，亚洲风格的遮阳伞经历了各种各样的创新，最终演变成了现代的折叠式布制框架伞，这种伞更容易被大众所接受。

1830 年，第一家手工雨伞专卖店 James Smith & Sons 在伦敦西区开业，标志着雨伞有了更大的市场。到了 19 世纪 50 年代，雨伞终于成了英国城市居民可以普遍拥有的生活物品，这很大程度上要归功于塞缪尔·福克斯（Samuel Fox）发明的轻质钢骨架，它可以代替鲸须来支撑丝绸或棉织品制成的早期款式的伞布。

《雨伞及其历史》（*Umbrellas and Their History*）是威廉·桑斯特（William Sangster）于 1855 年在英国出版的一本杰出的著作，书中记载了从使用雨伞会招致异样的目光到雨伞成为生活中的必需品这一有趣的转变：

> 仅仅几年前，那些带伞的人还会被公众嘲笑，认为那是老顽固，过于在意健康等方面的表现；但是现在我们变聪明了，每个人都有一把伞。相比于以前，现在的伞既便宜质量又更好，还会有人穷到买不起一把伞吗？现在大家会嘲笑一个人没有打伞在雨中行走，就如同当年第一个打伞的人会受到众人嘲笑的场景一样，然而这位第一个打伞的人显然比所有和他同时代人更聪明一些。如今，雨伞已经成为全世界通用的遮雨工具了。

 • "私人订制天气"（1902 年）• 挡风玻璃雨刮器（1903 年）

 英国漫画家詹姆斯·吉尔雷（James Gillray，1756—1815 年）的画作《雨伞聚会》（*A Meeting of Umbrellas*，创作于 1782 年）。在当时，一位绅士带着雨伞会被认为是过于喜欢打扮或者娘娘腔。

——"冰河时代"—词进入科学领域 ——

早期的西方学者在研究阿尔卑斯山的地貌时，总是对基岩和巨石上出现的巨大划痕感到很困惑，这些痕迹看起来就像是巨人随意抛投石头时产生的一样。在18世纪时，主流的观点认为这些地貌特征是古代洪水的证据，也可能是《圣经》中提到的那场洪水。随着时间的推移，一个新的解释理论出现了。1815年，一位来自瑞士的猎人、登山家让-皮埃尔·佩罗丁（Jean-Pierre Perraudin）推断，散落在阿尔卑斯山脉山谷中的巨型花岗岩肯定是被流动的冰川挟带进来的。他向一位名叫伊格纳兹·威尼茨（Ignaz Venetz）的工程师解释了他观察到的情景，随后威尼茨开始绘制这些岩石的特征，并于1829年就这一观点进行了演讲，但他的观点遭遇了强烈反对。

让·德·夏庞蒂埃（Jean de Charpentier）是一位德国籍瑞士地质学家，他于1815年与佩罗丁进行过会面，后来他回忆道：起初他认为这个假设非常不切实际，以至于他觉得"不值得进行研究甚至思考，这种可能性都毫无意义"。但他最终还是改变了主意，其中部分原因是来自威尼茨的压力。

将这个概念从不切实际的主张转变为新的范式还需要向前更进一步，因此夏庞蒂埃结合地图和数据针对这些冰川进行了动力学方面的计算，并最终说服著名的瑞士动物学家、地质学家路易斯·阿加西斯（Louis Agassiz）对这一结果进行验证。阿加西斯和其他人一样，一开始表达了反对意见，但随后又认可了这个想法，并在1837年发表了一个令人难忘的演讲，还在1840年撰写了《冰川研究》（Glacier Studies）一书，书中第一次提出了"冰河时代"（ice age）这一说法。后来针对北美冰川造成的巨大影响的观测更是给这一观点提供了强有力的支撑和延伸。

对这一观点的怀疑态度一直持续到19世纪70年代，但科学研究所呈现的图景也越来越明晰。到了20世纪末，地质学家发现的证据表明冰川的前进和后退已经出现了至少四次，其中每一次的周期都会跨越数万年。接下来的挑战就是找出冰川进退的驱动因子。

 • 地球轨道与冰河时代（1912年）• 冰层与泥土中的气候线索（1993年）

 这是路易斯·阿加西斯的1840年地图集《冰川研究》中的一幅插图，图中展示了位于瑞士采尔马特的冰川。

泥炭沼泽的形成历史

似乎没有什么东西是丹麦博物学家乔珀托斯·斯滕斯特鲁普（Japetus Steenstrup）不感兴趣的。他做过矿物学方面的演讲；研究过蠕虫的性别；证明了传说中的海怪只是一只超大号的乌贼；评论过石器时代的雕刻工艺；把大部分自己收藏的藤壶借给了查尔斯·达尔文；向发现革兰氏细菌染色技术的人传授显微镜的使用方法；向植物生态学的奠基人教授过植物学；1836 年的时候，他还挖出了几块沼泽地。

斯滕斯特鲁普详细记录了不同层次的泥炭特征（这是由过去的腐烂植被形成的），鉴定了这些分层中存在的植物化石，并表明多年来沼泽地内和沼泽周围生长的植物物种发生了变化。他推断是气候变化推动了这些变化的发生，并研制出世界上首个以沉积物为研究基础的气候年表，记录了自上次冰河时代以来的气候状况。

斯滕斯特鲁普的研究发现基于乔治·居维叶（George Cuvier）和詹姆斯·赫顿（James Hutton）的研究，他们的研究成果揭示了地球在这悠久的历史中发生的巨大变化。另外大约在同一时期，路易斯·阿加西斯提出了冰川理论，查尔斯·莱伊尔（Charles Lyell）提出了一种地质学的系统研究方法。

斯滕斯特鲁普在 1841 年发表的关于沼泽研究的论文中表明，数千年来，气候和植被已经发生了巨大的变化，这意味着通过对过去气候和生态变化的证据进行科学研究，可以为古气候学和古生态学领域的现代科学研究带来曙光。他的工作激发了斯堪的纳维亚地区在接下来的几十年里对泥炭沼泽更加精细的研究，并直接促进了一系列研究成果的形成，包括布列特—谢尔南德方案，这是一个北欧气候阶段进行分类的方案；被称为"新仙女木事件"的短周期气候突变事件的发现；以及 1916 年古代花粉分析方法的发展，这可以作为过去气候和生态模式的研究线索。这种花粉分析方法可以通过将当前实际情况与预测中所出现的变化量进行对比，来揭示花粉的自然变化速率和量级。这一切的研究成果和进展都始于一个对沼泽感到好奇的博物学家。

 · 沈括记录气候变化（1088 年）·"冰河时代"一词进入科学领域（1840 年）

 可以通过分离技术将泥炭层用于从燃料到威士忌的生产等诸多方面。泥炭沼泽的研究也为数千年来气候和生态出现的区域性变化提供了帮助。

—— 严寒使北极探险家难逃厄运 ——

英国探险家约翰·富兰克林爵士（Sir John Franklin）因为曾带领两支探险队前往北美最北端进行探险而声名鹊起，但是他却在第三次前往北极探险时犯了错误。在经历了一次极其艰苦的跋涉之后，他获得了"吃自己靴子的人"的绰号，不过他的大多数同伴都在此过程中不幸身亡。1845 年春天，富兰克林备受瞩目地又一次驶离了英格兰，受命寻找西北航道，也就是被认为是连接大西洋和太平洋的水路。

他与 134 名船员乘坐了两艘帆船起航，分别是英国皇家海军幽冥号（HMS Erebus）和英国皇家海军惊恐号（HMS Terror），这两艘经过改进的帆船已成功执行过探测南极洲周围冰冷水域的任务。他们配备了蒸汽机和破冰设备，破冰设备可以通过抬升或下降的操作帮助他们通过有海冰的水域。6 月下旬，位于格陵兰岛西部巴芬湾的一些捕鲸船曾看到这两艘船停靠在冰山旁。除了该地区当地的因纽特人以外，这也是他们最后一次被其他人看到。

经过了十多年的时间，英国和美国组织了一系列探险，试图寻找富兰克林当年的航线，希望可以找到这支失踪的探险队。最终找到的仅有被遗弃的营地、因纽特人讲述的故事，以及在 1851 年发现的三名船员的坟墓。从 1848 年到 1859 年进行的四十多次搜救航行，为北极探险和科学研究带来了重大突破。

根据 2016 年提出的理论，导致科考船和船员失踪的因素有很多，包括密封不良的食物罐头导致的食物腐败以及罐头包装中铅含量超标导致的铅中毒。最近的研究结果表明，不良气候条件也在这场事故中扮演了重要角色。富兰克林的最后一次航行的那前后十年，北极的这一地区正处于几百年以来最寒冷的时期。

直到 2014 年和 2016 年，人们才发现了幽冥号和惊恐号沉没的残骸。如今，在夏季没有海冰存在的水域中，豪华游轮已经可以毫不费力地驶过那条在 19 世纪时无情地将富兰克林拒之门外的航线了。

 • 从中世纪暖期到小冰期（1100 年）• 俄罗斯的"冬将军"（1941 年）• 极地涡旋（2014 年）

 这张照片拍摄于 2006 年的比奇岛，位于加拿大的北极地区，图中是英国北极探险家约翰·富兰克林爵士率领的探险队中一些不幸遇难的探险队员的墓碑。

Stamped Edition, 6ᵈ.

THE ILLUSTRATED LONDON NEWS.

REGISTERED AT THE GENERAL POST-OFFICE FOR TRANSMISSION ABROAD.

No 1594.—VOL. LVI.   SATURDAY, MAY 14, 1870.   WITH A SUPPLEMENT, FIVEPENCE | STAMPED, 6ᴰ.

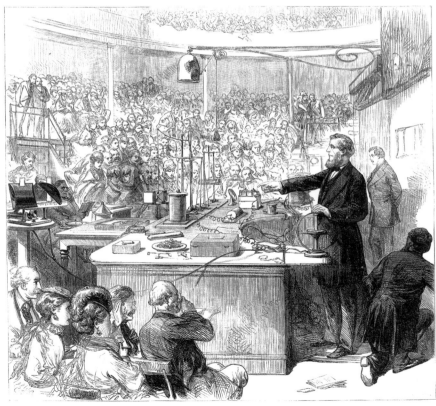

PROFESSOR TYNDALL LECTURING AT THE ROYAL INSTITUTION.
SEE PAGE 510.

科学家发现温室气体

1824 年，法国数学家、物理学家约瑟夫·傅里叶（Joseph Fourier）成为首位提出大气可以调节地球气候这一概念的人，他认为大气层使太阳能以可见光的形式透过，并阻碍了肉眼不可见的辐射热能逃逸回太空。科学家后来花了三十多年的时间才有能力证实这一观点，同时对大气中哪些气体在这一过程中起到作用进行了识别。

1856 年 8 月在纽约奥尔巴尼举行的一次科学会议上，美国业余科学家、女性权利倡导者尤妮斯·富特（Eunice Foote）针对二氧化碳和水蒸气在太阳光对地球的热量传递过程中的贡献率进行了一些简单实验，并将结果做了汇报。由于当时女性被禁止在会议上发言，她不得不通过委托人进行汇报。在她于 11 月发表的相关论文中，她根据观测结果写道："我发现对太阳光线影响最大的是二氧化碳。"她还补充道："大气中存在这种气体会使地球温度上升。"

1859 年 5 月，著名的爱尔兰科学家约翰·丁达尔（John Tyndall）在事先不了解富特工作成果的情况下，使用了他自己设计的比率记录的分光光度计仪器对各种气体是如何进行吸收和辐射能量这一过程进行了测量。丁达尔发现不同气体之间存在巨大的差异，空气中含量最丰富的氮气和氧气基本上不吸收热量，而有些气体，特别是水蒸气和二氧化碳，则呈现出强大的吸热效应。

1861 年，他准确地叙述了这些气体在空气中的含量可以出现何种程度的变化，并写道："可能就是这种变化造成了地质学家所揭示的所有时期的气候突变事件。"丁达尔在实验过程中还意识到城市区域可能因为局部加热而对温度产生影响，因此他提出了"城市热岛"的概念，这一概念已经在随后的研究中被广泛证实。

到 19 世纪末，一些科学家开始评估海量煤炭的燃烧产生的二氧化碳的大量累积对气候造成的影响，最初给出的解释都比较乐观，但逐渐变成了对其日益增长的担忧。

另参见

• 煤炭、二氧化碳和气候（1896 年）• 二氧化碳的上升曲线（1958 年）
• 气候模式逐渐成熟（1967 年）

图为 1870 年 5 月，出生于爱尔兰的物理学家约翰·丁达尔在伦敦皇家学院讲授电磁学。

太空天气来到地球

在 19 世纪中期，工业化国家已经越来越依赖电报进行通信，电报线路的重要性不言而喻。但一次强烈的太阳爆发活动给地球带来的强烈干扰表明，人类将不得不开始关注地球之外的天气，而不能仅局限于地球大气层出现的那些狂风暴雨。

1859 年 9 月 1 日上午，第一个异常迹象出现在英国地区。天文学家理查德·C. 卡灵顿（Richard C. Carrington）正在利用望远镜观察投射到玻璃板上的太阳影像，来进行他定期记录太阳黑子的工作。太阳黑子是太阳表面相对较冷的区域，反映了太阳这个充满超高温电离气体又汹涌动荡的球体的内部与周围出现的磁场扭曲现象。

上午 11 点 18 分，正当卡灵顿研究一个异常宽阔的太阳黑子区域时，他惊讶地发现在太阳黑子区域内出现了两个明亮的光斑。他还没来得及找到另一个目击者，这种现象就消失了。不过幸运的是，另一位天文学家理查德·霍奇森（Richard Hodgson）也独立记录下了这一事件。

在接下来的几小时里，世界上大部分地区都见证了有史以来科学记录中最强烈太阳耀斑爆发带来的后果。耀斑通过 X 射线和紫外线辐射的形式，以接近光速的移动速度向地球的外部大气层发起冲击。半天过后，紧随其后的日冕物质抛射到来，十亿吨高能等离子云如同汹涌的波涛一般穿过了地球大气层。

世界各地的电报系统随之陷入了混乱，电线上跳动的火花震惊了操作员，电报纸也陷入一片火光之中。通常只出现在高纬度地区的带电粒子流形成的五彩极光如同一个闪闪发光的帷幕，照亮了从加勒比海到夏威夷的天空。

再次发生相似的事件只是时间问题。2012 年 7 月，美国国家航空航天局报告了一次日冕物质抛射，幸运的是这一次的冲击刚好错过地球。根据美国国家科学院的研究，一次直接冲击地球的强日冕物质抛射对依赖电子设备的全球经济可能造成超过 2 万亿美元的损失。2015 年，奥巴马政府发布了美国首个国家空间天气行动计划（National Space Weather Action Plan），呼吁采取一系列措施加强防范并控制风险。

 • 消失的太阳黑子（1645 年）• 从卫星轨道观察天气（1960 年）

 图为 1865 年由美国艺术家弗雷德里克·爱德温·丘奇（Frederic Edwin Church）创作的画作《北极光》（Aurora Borealis），其灵感来自北极探险家艾萨克·伊斯雷尔·海耶斯（Isaac Israel Hayes）于 1860 年绘制的北极光的写生图。1859 年，一场太阳风暴使这种大气层出现的扰动甚至蔓延到南至加勒比海的地区。

第一次天气预报

罗伯特·菲茨罗伊（Robert FitzRoy）更为人熟知的身份可能是查尔斯·达尔文的船长，于 19 世纪 30 年代在英国皇家海军舰船小猎犬号上完成了一段充满传奇色彩的环球航行。但其实菲茨罗伊还因为制作了第一份每日天气预测而声名显赫，当然，可能也为此饱受批评。他将这一工作称之为"预报"。

由于英国沿海的暴风雨经常导致船只沉没，菲茨罗伊对不断有水手因此丧命感到非常痛心，仅在 1855—1860 年，就有 7402 艘船只失事，超过 7000 人丧生。菲茨罗伊坚信通过传递更准确的天气预报就可以减少伤亡人数。1859 年，在一艘皇家快速帆船的灾难性沉没事件导致 450 人失去生命后，他于 1861 年 2 月被授权为水手提供风暴预警服务。

预报风暴的关键在于电报系统。菲茨罗伊发明了一种新型气压计，并开始建设英国第一个气象办公室，由气象观测员组成的网络负责提供数据，使菲茨罗伊可以绘制和预测风暴系统的运动方向。随着观测员网络的扩展，提前预报天气的可能性也越来越大。当他计算出某个港口处于危险之中时，就会向当地官员发送电报。根据英国广播公司的说法，菲茨罗伊把这种预报描述为"与天气赛跑，在强风暴抵达之前向受灾前线发送预警"。

首次为普通市民提供的公开天气预报发表于 1861 年 8 月 6 日的《伦敦时报》（*The Times of London*），预报内容相当简单：

北部地区：西风，风力较小，晴；

西部地区：西南风，风力较小，晴；

南部地区：西风，风力较强，晴。

第二年，菲茨罗伊引入了一个新的预警系统，每当预测有强风来临时，都会在主要港口升起圆锥形信号标识。菲茨罗伊在撰写了一本名为《天气学手册：实用气象学指南》（*The Weather Book: A Manual of Practical Meteorology*）的著作后结束了自己的职业生涯，这本书最终于 1863 年出版发行。

另参见 • 蒲福与风的分级（1806 年）• 气象学变得更有价值（1870 年）• 龙卷风预警的进步（1950 年）

图为英国航海家、气象学家罗伯特·菲茨罗伊的肖像，由英国画家塞缪尔·莱恩（Samuel Lane）创作。

K, STREET, FROM THE LEVEE.

INUNDATION OF THE STATE CAPITOL,

City of Sacramento, 1862.

Published by A ROSENFIELD, San Francisco.

加利福尼亚大洪水

1861 年，在经历了异常干旱的二十年之后，美国加利福尼亚州的农民和牧场主都开始为早日下雨而祈祷。到了 12 月，他们的祈祷得到了回应，但是却来得太过猛烈。一连串来势凶猛的太平洋风暴袭击了北美洲西海岸从墨西哥到加拿大的区域，导致洛杉矶一年之内的总降雨量超过了 1.52 米，是常年平均降水量的四倍多。汹涌的河流冲过了河堤，向干旱的大地倾泻了绵延数英里的泥水。

1862 年年初，源源不断的水流在加利福尼亚州的中央山谷形成了一片庞大的内陆海域，占据了一片长 482.8 千米、宽 32 千米的区域。洪水淹没了农田和城镇，淹死了人、马匹和家畜，冲毁了住宅、房屋、谷仓、栅栏和桥梁。洪水所到之处，水深达到了 9.1 米，完全淹没了刚刚安装在旧金山和纽约之间的电线杆。洪水还导致整个州大部分地区的交通运输和通信系统在长达一个月的时间内彻底瘫痪。植物学家威廉·亨利·布鲁尔（William Henry Brewer）给他住在东海岸的弟弟写了一连串的信件，描述了那个冬季到春季期间，他在该地区旅行的途中所目睹的难以置信的悲惨场景。在 1862 年 1 月 31 日的信件中，布鲁尔描绘道：

> 整个山谷都变成了一个湖泊，从一侧的山脉延伸到另一侧的海岸山脉。蒸汽机船从离河 23 千米远的牧场上驶来，运送各种物资到山上。这一大片区域内几乎所有的住房与农场都消失了。美国从来没有遇到过如此严重的洪水灾害，哪怕是在旧世界也很少见到这样的景象。

洪水最终消退了，但这种事件发生的风险却依然存在。之后进行的一些研究解释了太平洋内部及上空的某些特定条件是如何周期性为这些会导致洪涝灾害的天气系统提供动力的，这种系统现在被称为"大气长河"[1]。但目前这种系统仍难以预测，而且尚不清楚全球变暖是否会使这种情况继续恶化。但有一件事并不难预测，根据一项研究估计，下一次大气长河将会带来超过 7 000 亿美元的巨大经济损失。

---

1 指某些地区上空形成的狭长水汽带，可源源不断地输送水汽并在某区域形成大量降水。——译者注

（另参见） • 美国中西部大火（1871 年）• 气象灾害中的人为因素（2006 年）

 图为描绘 1862 年初的大洪水期间加利福尼亚州萨克拉门托市 K 街情景的石版画。在此期间，该州中央山谷的大部分地区变成了一个巨大的湖泊。

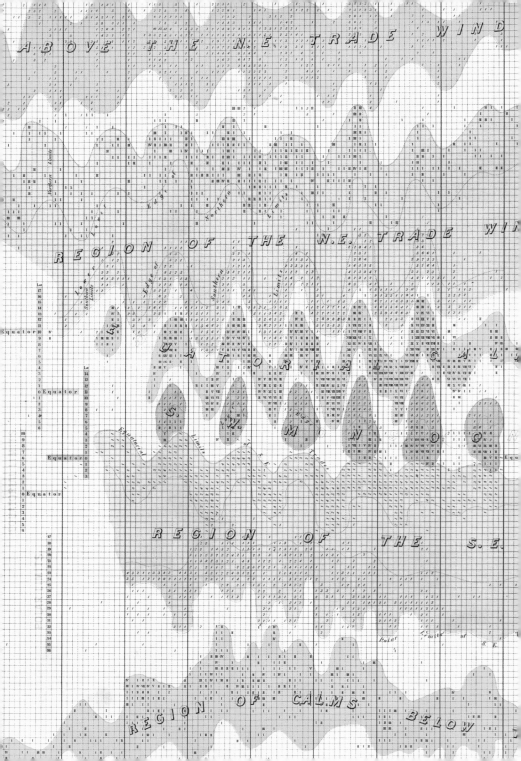

气象学变得更有价值

气象学在 19 世纪中期经历了一次重大转变，从最初的主要出于学术目的或某些非正式的诉求，转变为有组织且至关重要的公共服务部门，向从农业到公共安全、从航海到军事行动准备等各个领域提供支撑和保障。

这门新兴科学的第一个研究焦点集中在海上，海上与其他地区大不相同的是，天气在这里是一件生死攸关的大事，而且在这里，海风可以决定贸易和战争的最终成败。

马修·方丹·莫里（Matthew Fontaine Maury）是一名对科学研究充满激情的美国海军军官，他发明了记录大气和海洋状况的标准化方法。1853 年，他促使第一次国际海洋气象会议在比利时布鲁塞尔召开，会议取得了圆满成功，13 个国家同意了天气报告标准化的提案。莫里绘制的海风图和洋流分布图在今天仍然是一项了不起的成就。英国发生的一连串可怕的沉船事故也推动了该地区预报工作的开展。

1870 年 2 月 2 日，时任美国总统尤里西斯·S. 格兰特（Ulysses S. Grant）签署了一项国会决议，授权战争部长建立一个机构，这个机构能够"为分布在大陆内部的军事基地以及国土范围内的其他地点提供气象观测资料……并将风暴的临近信息和强度信息利用电磁式电报和航海信号向北部的五大湖区及沿海周边地区发出通知"。现代美国国家气象局的成立就是建立在这个机构的基础之上的。

同年 11 月，由 24 个观测站的观察员共同完成的第一份气象报告通过电报发送到了华盛顿特区。在美国弗吉尼亚州阿灵顿国家公墓附近的一个军营中，新增了一所专门教授气象学的学校。

到了 1873 年，数以千计的乡村邮局开始接收天气预报并发布《农民公报》，并在 1881 年增加了信号旗系统，该系统在不同天气条件下对应着不同的图案与颜色，例如代表寒潮的旗帜其图案为一个黑色的正方形位于白底旗的正中心。1890 年，气象部门成为一个服务公众的机构。

 另参见 • 第一次天气预报（1861 年）• 龙卷风预警的进步（1950 年）

 图为马修·方丹·莫里于 1851 年绘制的大西洋的信风图，由德黑文中尉根据当时的美国地形与水文局（U.S. Bureau of Ordnance and Hydrography）的资料编辑而成。

美国中西部大火

1871 年 10 月 8 日至 14 日，北美历史上受灾范围最广、造成伤亡最惨重的野火，席卷了威斯康星州东北部和密歇根州上半岛，最终造成 1200～2400 人死亡，焚毁了共计 15 378 平方千米的森林和城镇区域。但这场名为佩什蒂戈大火（the Great Peshtigo Fire）的灾难，却除了一小部分历史学家之外几乎无人知晓，因为与此同时爆发的另一场大火，即芝加哥大火更受关注。在狂风的推动下，大火自南方起席卷了这座主要由木质结构的建筑物组成的城市，共造成了大约 300 名芝加哥人死亡。这场大火还有一个情节丰富的传说，即这场大火始于奥利尔瑞夫人的奶牛踢翻的一盏提灯，这也使关于这场灾难的故事流传了更长的时间。历史上的第三次大火发生在密歇根州，过火面积高达 10 117 平方千米。

为了寻找这些火灾爆发的共同原因，一时间各种各样的理论都涌现了出来，甚至还考虑过解体的陨石导致了火灾，但这些理论大多数都被摒弃了。气象学家指出，夏季的严重干旱、持续一周的大风，和在杂草快速生长的地区普遍使用的人为纵火的方式烧荒是最可能导致大火的因素。佩什蒂戈天主教教区的彼得·佩尔宁牧师是威斯康星州火灾的目击者，据他描述，农民和铁路工人经常使用"斧头和火来开展他们的工作"，并且大火发生前一段时间他还看到许多四处蔓延的火情。他的描述无疑增加了这种设想的可信度。

一个世纪后的 1971 年，威斯康星州历史学会发表了一篇报告，叙述了这场悲剧。在这份报告中，佩尔宁描述了惊恐的市民聚集在河边的场景，为了活下去，他们不得不跳入水中：

> 河岸上视线所及之处全都站满了人，他们像雕像一样一动不动，有些人抬眼望着天空，舌头伸了出来。我把站在我两边的人推到了水中，其中一个又跳回了岸上，发出了近乎窒息的哭声并嘟囔道："我浑身都湿透了。"但是泡在水中总归要比泡在火中更好吧。

  · 黑色风暴事件（1935 年）· 极端闪电（2016 年）

图为 G. J. 蒂斯代尔（G. J. Tisdale）于 1871 年绘制的关于佩什蒂戈大火的画作，这场大火最终造成 1200 ～ 2400 人死亡。图中展示了惊慌失措的居民在佩什蒂戈河中寻求避难的场景。

"雪花人"

048

每一片雪花那绚丽的晶体形状都是独一无二的吗？对完全成型的雪花进行的最新研究已经得出了肯定的结论。不过"没有任何两片雪花是完全相同的"这个设想最早来源于 19 世纪下半叶，是由一个在美国佛蒙特州农场长大、对所有微小并且冰冷的事物都非常痴迷的小男孩提出的。这个男孩名叫威尔逊·阿尔文·本特利（Wilson Alwyn Bentley），他一生都致力于用显微镜拍摄雪花晶体，并最终以"雪花人"这个昵称为众人周知。他拍摄的几千张雪花晶体的图片还为冻雨形成过程的研究提供了很大的帮助。

本特利的母亲是一名教师，在本特利 14 岁前，都是由他的母亲在家中对他进行教育的。多亏了母亲的显微镜，他开始对微小的事物产生了浓厚的兴趣。他在 1925 年接受《美国杂志》（*The American Magazine*）采访时回忆道："在与我同龄的男孩们都在玩玩具枪和弹弓的时候，我在专心致志地研究这部显微镜下的各种东西，包括水滴、小块碎石、鸟翅膀上的羽毛等。但自始至终，最令我着迷的就是雪花。"

在了解了使用显微镜拍摄照片的方法后，本特利和他的母亲一起说服他父亲为他购买了一台配套的相机。后来他在书中提到，那可是一笔不小的投入，即使在那个时候，一台相机也要 100 美元。

他随后完善了他的研究方法，在捕捉到一片雪花后，他先将雪花放置在羽毛上，然后将羽毛放在显微镜镜头下进行观察。观察过程中的每个步骤都必须在寒冷的室外进行，这样才能保证雪花晶体在相机生成图像的长曝光时间内不会融化。

本特利在去世前不久还与美国气象局（U.S. Weather Bureau，1970 年更名为 National Weather Service，即美国国家气象局）的物理学家威廉·汉弗莱（William J. Humphreys）合作撰写了《雪晶》（*Snow Crystals*）一书，书中包含了本特利拍摄的 2300 张雪花照片，这本书至今还在出版发行。

本特利最终死于肺炎，享年 66 岁。他一生中拍下了超过 5000 张雪花晶体的照片，每片雪花都的的确确是独一无二的。

另参见 · 卢克·霍华德与云的命名（1802 年）· 西瓜雪（1818 年）· 白色飓风（1888 年）

图为威尔逊·阿尔文·本特利于 1890—1920 年拍摄的雪花晶体照片。

国际合作研究北极圈

1882 至 1883 年，也就是距离人类首次利用航天器以更广阔的视角观测地球的一个世纪前，来自十几个国家的科学家们共同参加了"国际地极年"（International Polar Year），试图开展第一次针对北极地区气象学的全面综合分析工作。这是一项革命性的研究工作，旨在了解高纬度地区的极端条件。研究工作试图探究包括从恶劣的天气到磁场、从冻结的海洋到北极光等方面在内的所有未知情况。在探测过程中，恶劣的条件使探测站彼此之间无法保持联系，只能日复一日地各自从外界收集数据。不过每个站点的仪器设备的校准和记录方法都是统一的，所以当探测项目完成后，科学家们可以马上整合所有信息数据，生成属于这个遥远地区的第一份概况报告。在南极洲附近，科学家们也开展了一个类似的小型研究项目。

"极地年计划"源于奥地利探险家和物理学家卡尔·韦普利切特（Karl Weyprecht）的设想。1874 年完成北极探险后，他就开始拜访各个科学研究组织，游说他们建立一个统一的研究项目。他认为，在此之前国际上进行的探索北极的行为只不过是一场危险的竞赛。他在 1875 年的报告《探索北极的原则》（The Principles of Arctic Exploration）中写道："人们花费了大量的金钱，克服了千难万险，却只是为了在冰封的海岬上刻下不同语言的名字来炫耀，而增加人类对北极的了解和认识反而成了无关紧要任务。"

最终，共有 12 个国家在北极圈周围建立了 14 个监测站，包括奥匈帝国、丹麦、芬兰、法国、德国、荷兰、挪威、俄罗斯、瑞典、英国、加拿大和美国。这项工作充满了艰难与危险，美国科考队派出了一支 25 人的队伍进入北极地区收集数据，最终仅 6 人生还。虽然韦普利切特在这项工作启动前一年不幸去世了，但现在科学家们仍然认为是他推动了科学界这一伟大时刻的到来，即来自各国和各学科的研究者们首次为了追求知识共享而通力合作，完成对地球某区域的探索研究工作。

 • 严寒使北极探险家难逃厄运（1845 年）• 气象学变得更有价值（1870 年）

图为 1883 年，荷兰北极考察队在此安营扎寨，荷兰是参加首次国际极地年的国家之一。

龙卷风的第一张照片

从本杰明·富兰克林在马背上追逐旋风到如今"追风者"们的现场直播，气象观察者们一直热衷于获取龙卷风的近景特写，并记录下他们的所见所闻。随着19世纪末摄影技术的飞速发展，捕捉第一张龙卷风的照片并将其公之于众只是个时间问题。

长期以来，人们普遍认为第一张龙卷风的照片拍摄于1884年8月28日，拍摄地点位于当时美国达科塔地区东南角的霍华德附近，4个强大的龙卷风在此发展成型。此次龙卷风爆发共造成至少6人死亡，这可能就是 F. N. 罗宾逊（F. N. Robinson）当天所拍摄的这张照片受到广泛关注的原因。这张照片中央可以看到一个可怕的黑色漏斗状云，并夹杂着大量悬浮的碎片，其两侧是较小的角状涡旋。和当时一些不寻常或者有新闻价值的图片一样，罗宾逊的照片随后便被印刷到了纪念卡片上。

但后来气象历史学家们推断，1884年4月26日 A. A. 亚当斯（A. A. Adams）拍摄于美国堪萨斯州加内特的照片很可能才是第一张龙卷风的照片，尽管这场风暴并不剧烈。亚当斯的这张照片可以看到一个可能是即将消散的绳状龙卷风（考虑到当时设置一台繁琐的相机并拍下照片所需要耗费的总时间，这一点倒没什么可大惊小怪的）。像罗宾逊一样，亚当斯开始售卖纪念卡及立体照片，这些照片运用了并排打印的技术，在通过一组称为立体镜的特殊镜头观看时，可以显示为三维立体图像。

普渡大学的气象学家约翰·T. 斯诺（John T. Snow）于1984年发表在《美国气象学会公报》（*Bulletin of the American Meteorological Society*，BAMS）的论文中，将这些早期的龙卷风照片根据时间先后进行了排序。不过，尽管斯诺认为"可能永远无法对识别出第一张龙卷风的照片这一问题发出确切的声明"，但他还是提供了通过各种渠道获取的证据，支持亚当斯是第一次记录龙卷风的先驱者。

另参见 • 富兰克林追逐旋风（1755 年）• 追逐风暴逐渐科学化（1973 年）

 多张拍摄于19世纪的龙卷风照片都被声称是第一张关于龙卷风的照片，但最近的研究才确认这一殊荣归于亚当斯，他的这张照片拍摄于1884年4月26日堪萨斯州中心城附近。

土拨鼠日

　　在每年的 2 月 2 日，美国宾夕法尼亚州庞克瑟托尼的一个名为火鸡丘的广场都会在日出前举行一场仪式，来自世界各地的成千上万的人聚集在这里，等待一只特别的土拨鼠（一种啮齿类动物，也称为旱獭）对春季何时来临进行预测。在这个起源于古老传说的仪式上，戴着礼帽的官员们将这只能预报天气的名叫庞克瑟托尼·菲尔（Punxsutawney Phil）的小动物从树洞中抱出，充满神秘感地靠近倾听它的预测结果，随后在人群的欢呼声中将它高高举起。

　　土拨鼠日标志着冬至和春分的中间点的到来。也许借鉴了之前的传统，早期的基督徒有着在圣烛节做出冬季天气预报的习俗。一副古老的苏格兰对联是这样写的："圣烛明亮而清晰，一年之内两冬季。"而在德国的说法是，如果在圣烛节那天刺猬还有影子，那么冬天还将持续六周，即"第二个冬天"。

　　后来宾夕法尼亚州的德国移民也开始使用土拨鼠进行这项仪式，尽管他们在夏天还会猎取这种动物并且津津有味地品尝。1886 年 2 月 2 日，庞克瑟托尼的土拨鼠预报成了官方预报并进行发布。在那一天，当地小报的城市版面主编克莱默·H. 弗雷亚丝（Clymer H. Freas）宣布，庞克瑟托尼的土拨鼠菲尔是美国唯一一只能发布正确天气预报的土拨鼠。当地的民众坚定不移地表示，从那以后进行天气预报的都是这只土拨鼠，它靠着特别的长生不老药在维持生命（而实际上，该物种的平均寿命仅有 6~7 年）。

　　那么土拨鼠菲尔的预报准确率究竟是多少呢？负责照顾菲尔的庞克瑟托尼土拨鼠俱乐部保存了自 1887 年第一次仪式以来每一次的预报数据。2017 年的一篇文章，总结了对土拨鼠预报和冬季天气的深入分析并得出结论："在长达 117 年的可用数据记录中，我们的计算表明菲尔和它的'翻译官'们做出正确预报的概率是 65%。"

　　俱乐部成员把所有的错误都归咎于人为的失误。俱乐部的土拨鼠管理员罗恩·波鲁查（Ron Ploucha）对此情况解释说："非常不幸，这一切都是因为俱乐部主席多年以来一直误解了菲尔的意思。"他还补充说："菲尔可永远都不会出错。"

 ・ 中国从神话学到气象学的转变（公元前 300 年）・《农夫年鉴》（1792 年）

　　自 19 世纪末以来，庞克瑟托尼·菲尔一直在它位于宾夕法尼亚州的家中进行着预言。

风能的应用

几千年来，风能一直为人类所利用，从尼罗河到爱琴海，再到太平洋，人类最初利用风来驱动帆船航行，这也是历史上最早的风能利用途径。大约 2500—3000 年前，波斯农民开始利用风能泵水和碾磨谷物，风能的利用方法随后开始在中东和欧洲传播。从中世纪开始，风车成了荷兰标志性的存在，这种装置有很多用途，包括在低洼的湿地和沼泽地区进行排水工作。

19 世纪 80 年代，在大西洋两岸建造的第一台由风力驱动的涡轮发电机投入使用，这标志着人类对风能的利用实现了重大突破。1887 年，苏格兰教授兼工程师詹姆斯·布莱斯（James Blyth）测试了三种不同设计方案的风力发电机，并在他的度假屋中安装了其中一台小型发电机用来点亮灯光。

风能发电的先驱者——工程师兼发明家查尔斯·F. 布拉什（Charles F. Brush）于 1887—1888 年冬天，在其位于克利夫兰宅邸的地面上建造了重达 40 吨、功率12 000 千瓦的风力涡轮发电机。而在此之前，布拉什已经因为发明了直流发电机和电弧灯系统而变得非常富有，他的电弧灯系统甚至在 1881 年就点亮了从波士顿到旧金山再到世界各地的许多城市的夜空。他所创建的布拉什电力公司，最终与其他企业合并成为通用电气公司。

布拉什的风力发电机是个庞然大物，拥有直径 15.2 米的风轮和 144 片叶片，这套发电系统为他的府邸连续供电了二十年。

20 世纪以来，随着燃煤发电厂的快速扩张和天然气的迅速普及，人们对风能的兴趣逐渐被扼杀了。但是 20 世纪 70 年代出现的一场能源危机，引发了人类对空气污染和气候变化的担忧，进而引发了风能发电的快速复兴。

截至 2017 年，世界各地已经建设了超过 24 万台风力涡轮发电机，此外，在沿海水域及沿岸的扩建计划仍在继续进行。

 另参见 • 大航海时代（1571 年）• 煤炭、二氧化碳和气候（1896 年）

1887—1888 年冬天，发明家查尔斯·布拉什正在他位于克利夫兰的宅邸后院组建风力发电机。

白色飓风

1888 年 3 月 11 日下午，美国东北部地区的天空开始飘起了小雪，到第二天早上，地面积雪深度达到了 45.7 厘米。然而这仅仅是个开始，截至半夜时分，积雪深度已达 83.8 厘米，并且降雪仍在持续。3 月 14 日，这场最终被称为"白色飓风"（Great White Hurricane）的暴风雪横扫了整个新斯科舍省，101.6~127 厘米的积雪导致康涅狄格州、马萨诸塞州、新泽西和纽约部分地区陷入了瘫痪。此外，在切萨皮克湾到缅因州的航线上，约 200 艘船只在这片水域沉没。

虽然这场风暴被许多人称为"白色飓风"，但事实上，这是一场"暴风雪"（blizzard），这个术语首次被用来描述一次暴雪过程是在 19 世纪 70 年代。美国国家气象局将暴风雪定义为一场包含大量降雪，且伴有超过每小时 56 千米风速的风暴过程，在其影响过程中能见度降低至不足 0.4 千米，并持续了 3 小时以上。当风暴的低压中心西侧存在高压系统时，环流会被加强，此时的气象条件将有利于暴风雪在风暴的西北侧发展。此时，强风会挟带分散的雪粒席卷而来，大量飞扬的雪花会造成严重的视程障碍，这就是风吹雪现象。

1888 年这次暴风雪过程中，在类似纽约市这样的城市区域，狂风导致了超过 15.2 米的积雪（这场暴风雪也将有助于说服市政官员尽快修建地铁网络系统）。此次暴风雪导致纽约州的奥尔巴尼市陷入了瘫痪，由于煤炭无法运输，数以千计的居民没有供暖保障。而道路无法通行也导致医生们无法上门为病人看病。最终，超过 400 人死于 1888 年的这场暴风雪，其中一半是纽约市的居民，这成为美国历史上因冬季暴风雪导致的死亡人数之最。

• "蓝色超强寒潮"（1911 年）• 最快的阵风（1934 年）

时至今日，1888 年纽约市的暴风雪仍被认为是历史上最严重的一次，这很大程度上是因为现代科技已经大大缓解了之后发生的极端降雪导致的交通瘫痪等困境。

致命雹暴

冰雹可以造成严重的破坏，能导致数十亿美元的财产损失，有时甚至会夺去那些来不及避难的人的生命。这些不规则的冰球，由强风暴中所包含的水滴经过反复的冻结、融解和再次冻结形成，尺寸甚至会达到垒球大小，重量可达 907 克。

现代历史上最严重的伤亡事件发生于 1888 年 4 月 30 日的印度地区，当时有 246 人死于冰雹袭击。此外，在 1986 年 4 月 14 日，据报道孟加拉国遭受了西柚大小的冰雹的袭击，导致了 92 人死亡。2017 年，世界气象组织（World Meteorological Organization，WMO）确认了 1888 年的雹暴事件是有记录以来导致死亡人数最多的雹暴。

不过有迹象表明，在喜马拉雅山脉发生过的一场神秘灾难可能更加严重，多达 600 人因此遇难。而且事实上至少就目前而言，吉尼斯世界纪录仍将这一事件记录为最致命的雹暴，发生时间为公元 850 年。

这场气象灾害留下了令人毛骨悚然的悲惨景象。1942 年，一名英国的公园护林员正在巡查路普康湖（Roopkund Lake），这里是一片四周被冰冻的砾石山坡围绕而成的小型水域，有着碧蓝的湖水，由冰川融水提供水源。在这清澈的湖水中，他发现了包括颅骨在内的不同部位的人类遗骸。最初有一种说法：这是在第二次世界大战期间，一支日本军队在尝试翻越群山时丧生而留下的，不过很快人们就弄清楚这些遗骸非常古老，并且在严寒条件下保存至今。

直到 2004 年，这些骸骨出现的原因才得以解释。美国国家地理频道派出的一组法医经过研究，将这些遗体的死亡时间推断为公元 850 年，他们还发现了一个触目惊心的事实：这些人似乎都是因为头部和肩膀遭受了严重的钝器击打而死的，而凶器，没有比冰雹更加合理的解释了。

• "蓝色超强寒潮"（1911 年）• 窥探危险的下击暴流（1975 年）

路普康湖是位于印度境内喜马拉雅山脉的一个冰川湖，这里是公元 850 年发生致命雹暴的现场，现在湖中仍然可以看到保存完好的人骨，这里也因"骷髅湖"这个可怕的名字而闻名。

第一版国际云图

卢克·霍华德（Luke Howard）是一位观察敏锐的药剂师，1802 年他首次提出了对云进行分类识别的建议，这是气象学家和气象爱好者们为了识别和理解大气中瞬息万变的各种特征的第一次尝试。19 世纪末期，一些云图集已经开始出现，世界气象组织的前身也开始寻求合作以出版一份标准化的参考资料。

"云图委员会"（Clouds Commission）为了确定一套标准化的规范说明，对描述云的术语、影像和方法都进行了仔细的修订，以供研究学者们使用，也方便用来教授学生。1896 年，第一版国际云图成功出版，图册中使用了当时非常罕见的彩色照片，向人们展示了一系列耳熟能详的分类，如卷云、积云等，还有更为引人注目的在强雷暴下方生成的看起来疙疙瘩瘩的悬球状云（mamato-cumulus clouds，又称乳状云）。此外，一项创新性的摄影技术的出现，为冲洗出的照片增加了对比度，可以应用在例如捕捉云在平静湖面中的倒影或是在暗光环境下镜子中的云的镜像，这一技术大大加快了云图的收集速度。

每隔十年或二十年，都会有新版本的云图印刷出版，登载出越来越多的云的种类以及更为精细的图像。正如 1802 年卢克·霍华德提出他对云的分类的建议掀起了气象学的新兴领域时一样，气象业余爱好者们仍在给专业的气象学家提出自己的意见与建议。2017 年版的国际云图的编写者在浏览了英国云鉴赏协会和美国爱荷华州锡达拉皮兹市云鉴赏协会提供的建议和图片后，在图集中新增了一种云的分类——糙面云（asperitas cloud）。现在，云图已经可以在 *wmocloudatlas.org* 网站上在线浏览，在这里你将仿佛置身于一个美妙的画廊，里面不仅有波浪状的、纤细的糙面云，也有其他一些最新收录的云，包括洞云（cavum）[也被称为"穿洞云"（hole punch cloud）]。

 • 卢克·霍华德与云的命名（1802 年）• 蒲福与风的分级（1806 年）

 "洞云"，又称"雨幡洞云"或"穿洞云"，是 2017 年被添加到《国际云图》（*International Cloud Atlas*）中一系列新的云分类之一。这种云状通常出现在由过冷却水滴组成的云中，它们大多数是圆形的，但过往的飞机可以使之形成细长状的雨幡洞云。这张照片拍摄于 2016 年 11 月，地点为美国密歇根州安阿伯市的上空。

煤炭、二氧化碳和气候

19 世纪末，二氧化碳、气候与煤炭（以及其他化石燃料）消耗量之间的关系逐渐浮出水面，这一切都要归功于对气候和地质学有着浓厚兴趣的瑞典化学家斯凡特·阿伦尼乌斯（Svante Arrhenius）。1896 年 4 月，他所发表的著名论文《空气中的碳酸对地面温度的影响》（*On the Influence of Carbonic Acid in the Air upon the Temperature of the Ground*，当时，人们把二氧化碳称为碳酸），是他在此领域迈出的第一步。据历史学家詹姆斯·罗杰·弗莱明（James Rodger Fleming）记载，阿伦尼乌斯将其他科学家的研究发现都汇集到了一个模型当中，用来描述能量流动如何作用于气候系统，其中还包括了二氧化碳和水蒸气等温室气体的变化对气候变暖效应的放大和抵消作用的过程。阿伦尼乌斯由此提出了大气中二氧化碳浓度的大幅上升或下降可以影响冰期和温暖期之间的时间间隔的理论。

阿伦尼乌斯于 1908 年出版的《正在形成的世界》（*Worlds in the Making*）一书非常具有预见性，他在书中提出，纵观自然界中可以消耗吸收二氧化碳的过程，其对二氧化碳的消耗速度已经被化石燃料燃烧生成二氧化碳的速度超过了。他还写道："只要煤炭、石油等化石燃料的消耗量维持在目前的水平，空气中的碳酸占比就一定会以恒定的速度持续增加。而且如果化石燃料的消耗量继续像现在这样持续增长的话，碳酸含量的增长速度还会更快。"

不过阿伦尼乌斯认为，假设二氧化碳含量和温度的上升是循序渐进的，相较于其带来的风险，他更倾向于会因此获益。他在书中写道："受大气中碳酸含量增加的影响，我们或许有希望能享受到一个具有更稳定更适宜的气候条件的时代，尤其是对于地球上那些寒冷的地区。在这个时代中，地球上将会比现在产出更多的农作物，有利于人类迅速繁衍。"

从 20 世纪 30 年代英国的工程师盖伊·卡伦达（Guy Callendar），到 20 世纪 50 年代加拿大的物理学家吉尔伯特·普拉斯（Gilbert Plass），他们对全球变暖的不同计算结果显示，虽然越来越多的观测资料和理论研究逐渐巩固和完善了基础科学，但与此同时它们也指向了一个更加令人不安的预测结果。

 另参见 • 科学家发现温室气体（1856 年）• 二氧化碳的上升曲线（1958 年）• 气候模式逐渐成熟（1967 年）

瑞典科学家斯凡特·阿伦尼乌斯，研究领域为二氧化碳对气候的影响，图为他 1920 年的照片。

一场强大的风暴

1900 年 9 月 8 日，得克萨斯州的加尔维斯顿被一场强大的风暴彻底摧毁，而引发这场灾害的飓风在此时甚至还没来得及被命名。截至目前，这场风暴仍然是美国历史上最严重的自然灾害，共有 6 000~12 000 人在此次风暴中丧生。在此次灾难来临之前，加尔维斯顿一直是墨西哥湾沿岸的一颗明珠，这座富饶的城市自认可以与新奥尔良匹敌，萨拉·伯恩哈特（Sarah Bernhardt），这位伟大的女演员曾在这里的歌剧院展现过她的天籁之音；得克萨斯州的第一部电话和第一盏电灯也安装在此地。在 1900 年 9 月 8 日这一天之前，它一直都是一座希望之城。

以现在的标准衡量，这场登陆时已经达到了 4 级飓风强度的可怕风暴，激发了歌曲《那场强大的风暴》（*Wasn't That a Mighty Storm*）的创作，这首令人难以忘怀的歌曲由传教士"罪恶杀手"格里芬（"Sin-Killer" Griffin）首先录制，歌词中唱道："死亡从大海上呼啸而来，当它对你发出召唤，你别无选择。"

风暴过后，加尔维斯顿建造了一座高达 5.2 米的海堤，其最终的延伸长度超过了 16 千米。而在另一个堪称壮举的土木工程项目"平面抬升"（grade raising）中，建造工人们将加尔维斯顿的建筑物整体抬高了几英尺（有些建筑物抬升超过了 3 米），并在其下面填埋了疏浚土。虽然重建过程花了十多年的时间，但加尔维斯顿并没有恢复昔日的繁荣。1914 年，休斯敦在疏浚了其深水航道之后，又夺去了加尔维斯顿之前失去的大部分商业贸易与工业产业。

不幸的是，墨西哥湾沿岸仍然可能因为破坏性的风暴而面临更多的伤亡和毁灭。2005 年，由于防洪墙和堤坝无法阻挡卡特里娜飓风带来的滔天巨浪，超过 1245 名新奥尔良市民被夺去了生命。根据美国国家飓风中心的数据统计，卡特里娜飓风是造成美国经济损失最惨重的自然灾害，据估计，它给新奥尔良地区和密西西比河沿岸造成了 750 亿美元的损失。墨西哥湾沿岸其他城市的居民也逐渐意识到，随着海平面上升和气候变化所带来的不利影响，在未来的某天他们也会面临如此强大的风暴。

另参见 • 白色飓风（1888 年）• "中国的悲伤"（1931 年）• 气象灾害中的人为因素（2006 年）

图为美国得克萨斯州加尔维斯顿市的 19 号大街，一名妇女正在废墟中穿行。1900 年的这场飓风彻底摧毁了这座城市。

"私人订制天气"

058

从很久以前开始，人们就开始寻求在炎热天气里保持凉爽的方法，来让那些位于炙热的沙漠和闷热潮湿的丛林中的文明得以发展。在古罗马时期，富人们的家中使用了内嵌在墙壁中的水管来进行冷水循环以达到降温的目的。也曾有一位皇帝下令用驴车把成吨的冰雪运到他的花园里来让空气变得更加凉爽。

19 世纪中期，一名佛罗里达医生约翰·哥里（John Gorrie）曾尝试寻找让城市降温的办法，以缓解市民们所遭受的"高温危机"。他以医院为实现目标的起点，在病人房间内设计了一套利用冰块进行冷却的简易系统。不过直到半个世纪之后，年轻的工程师威利斯·开利（Willis Carrier）才为平价空调的普及奠定了有力的基础，这也被视为人类与天气的关系中最重大的改变之一。

1902 年就职于水牛城锻造公司（Buffalo Forge Company）期间，开利被要求解决一家印刷公司出现的湿度问题。通过一系列的实验，他设计了一个使用填充了冷却剂的线圈来控制温度和湿度的系统，随后他为自己设计的这个"空气处理装置"申请了专利。与此同时，通风系统专家阿尔弗雷德·R. 沃尔夫（Alfred R. Wolff）设计了第一套专门用于为拥挤空间降温的系统，其第一套设备在 1903 年安装于纽约证券交易所。

1915 年，开利和他的一些合作伙伴共同创办了一家以他的名字命名的公司，并打出了"私人订制天气——满足各种个性化需求"的口号。到了 20 世纪 20 年代，空调的应用场所迅速从打印店和糖果制造商扩展到追求舒适凉爽体验的电影院和百货商店。

这项经济实惠的家用降温设备的发明推动了美国南部潮湿郊区的扩张。现在空调已经成为全球各城市发展的关键，但是，这种繁荣的景象也带来了新的挑战。一旦空调中的制冷剂泄漏，可能加剧全球变暖。另外，如果空调所需的额外电力由化石燃料燃烧产生，那么这将加剧空气污染，同时也将产生更多的温室气体。

另参见 • 人人有伞（1830 年）• 平息一场激烈的辩论（2012 年）

图为 20 世纪 60 年代，一位女性正站在她的空调前摆出拍照姿势。这种舒适惬意直到 20 世纪初才成为现实，空调的发明显著地改变了人与天气之间的关系。

PATENTED NOV. 10, 1903.

M. ANDERSON.
WINDOW CLEANING DEVICE.
APPLICATION FILED JUNE 18, 1903.

NO MODEL.

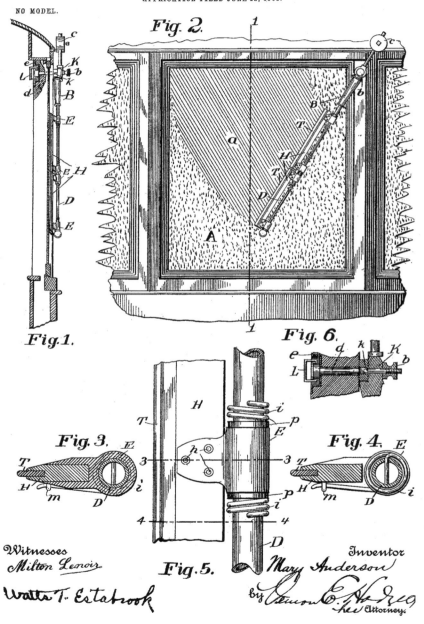

Fig. 2.

Fig. 1.

Fig. 6.

Fig. 3.

Fig. 4.

Fig. 5.

Witnesses
Milton Lenoir
Walter T. Estabrook

Inventor
Mary Anderson
by C. H. ____
her Attorney.

挡风玻璃雨刮器

如今，在狂风暴雨的天气中为高速行驶的车辆提供清晰视野的挡风玻璃雨刮器已经像鞋带或者牙刷一样司空见惯。但是这个装置的首次具有可行性的设计版本是在 1902 年冬季的某天，一位来自美国亚拉巴马州的房地产开发商玛丽·安德森（Mary Anderson）在乘坐一辆电车游览纽约市时构想出来的。她注意到，因为无法清扫挡风玻璃上的积雪，司机不得不打开其中的两个窗户才能保证电车的正常行驶。

回到位于亚拉巴马州的家中后，玛丽立刻开始草拟解决方案。她在一位设计师和当地一家公司的帮助下，开始继续进行机械模型的研究。1903 年 11 月 10 日，玛丽获得美国第 743801 号专利，以下是她对这项专利的简洁描述：

> 这是一个可以清除司机面前挡风玻璃上的雨、雪或雨夹雪的简易操作装置，驾驶者只需简单地握住 L 形手柄，将其从一侧推向另一侧即可清洁玻璃，清洗器上的弹簧可以使橡胶在接触玻璃时产生足够的压力以达到清洁效果，同时产生的压力也可以避免因撞击阻碍物而导致雨刮器失效。这种方法可以有效避免在暴风雨天气中视线被挡风玻璃所阻碍的困境。

然而玛丽为推销这项发明所付出的各种努力却付诸东流。因为这项专利在 17 年后，汽车工业出现革命性的突破之前就过期了。其他版本的雨刮器也在随后被陆续发明出来，1922 年，凯迪拉克成了第一家将雨刮器作为标准设备的汽车制造商。

2011 年，玛丽入选美国国家发明家名人堂（the National Inventors Hall of Fame）。

另参见 • 人人有伞（1830 年）

 图为玛丽·安德森于 1903 年获得专利的玻璃清洁器的设计示意图。

干谷探险

一提到干旱区，人们难免会联想到那在阳光的炙烤下闪闪发亮的沙子。事实也确实如此，世界上最干旱地区的名号基本上都被这些地区"霸占"了，例如埃及阿斯旺大坝周边的沙漠，以及地球上第二干旱的智利阿塔卡马沙漠，后者是由于山脉的延伸方向阻挡了水汽输送而形成的，据称这里已经有 500 年没有降雨了。由于气候和地形地貌的相似，美国国家航空航天局的科学家甚至在一些研究中使用阿塔卡马高原作为火星的替代。

然而在所有的干旱区中，最引人瞩目的极度干旱区却位于南极洲，这个被厚度可达一英里的冰层所覆盖的大洲。在位于这里的麦克默多干谷（McMurdo Dry Valleys）中，水汽几乎被完全隔绝，来自内陆的流动冰盖被高山阻挡，寒冷厚重的冷空气从极地高原的斜坡俯冲下沉时所形成的阵风，其风速有时甚至可以达到飓风的速度，下沉过程中空气温度逐渐升高，从而使其中的水汽消失殆尽。

1903 年 12 月 18 日，在由英国皇家海军军官和探险家罗伯特·弗尔肯·斯科特（Robert Falcon Scott）所领导的第一次南极洲探险中，首次发现了这座山谷。1912 年，他与其他四人进行了第二次南极探险的行动，但不幸的是，他们在试图返回陆地的途中遇难身亡。

在第一次探险过程中，斯科特探查了其中一个山谷，但时间很短并没有长时间地逗留。斯科特后来写道："我们没有见到任何生物，连苔藓和地衣都没有；我们仅仅在内陆的冰碛堆中找到了一具威德尔海豹的尸骨，至于这具骸骨是怎么来的，我们无从猜测。这里是一座彻彻底底的死亡之谷；甚至连曾经穿过这里的大冰川也已经消失不见了。"

斯科特在第二次探险中所领导的另一支团队对干谷进行了彻底的调查。近几十年来，人们也对干谷进行了更为深入的研究。科学家们发现，尽管气候恶劣，但这里却生存着大量"极端微生物"，它们能够在这种大多数生物都无法承受的恶劣环境中顽强地生存。

（另参见）• 黑色风暴事件（1935 年）• 地球上最冷的地方（1983 年）

图为南极洲维多利亚地的赖特山谷，这里曾经四处遍布着冰川，但现在冰川已经消失殆尽，一同消失不见的还有降水。这个山谷是以 1910 年英国南极探险队中的一名成员查尔斯·赖特爵士（Sir Charles Wright）的名字命名的。

"蓝色超强寒潮"

061

在世界各地的温带地区，强劲的冷锋活动有时会出现急剧变化。时至今日，还是很难找到与 1911 年 11 月 11 日出现在美国的冷锋系统相提并论的冷锋天气，其影响范围之广、强度之盛，席卷了美国腹地，因而获得了"蓝色超强寒潮"（Great Blue Norther）的称号。

根据美国国家气象局近期对这一次在气象史上具有里程碑意义的天气系统进行的分析显示，就在这次天气系统影响美国的两天前，加拿大阿尔伯塔省上空形成了一个控制范围宽广的高压系统，为该系统的生成发展创造了有利条件。当另一个强大的低压系统从落基山脉东部推进到爱荷华州和密苏里州时，它将异常温暖的暖空气向北推动到了低压系统的前部，使得冷空气从后方灌入。

根据密苏里大学百年校庆纪念时的一份文件记载，北风在下午 2 点左右袭击了密苏里州的哥伦比亚地区，将和煦的微风瞬间变成了呼啸的北风。在短短一小时内，温度从 27.8 ℃ 下降到 3.3 ℃，到午夜时气温已跌至 −10.6 ℃。

根据来自密苏里州斯普林菲尔德地区的气象报告，下午 2 点 30 分左右，"一片浓重的青黑色云层沿着西边的地平线冉冉升起"。该地区的其他一些社区也出现了类似非同寻常的现象。

强雷暴和龙卷风袭击了从密西西比河流域到五大湖周围各州的城镇，导致了数十人死亡的事故。

根据气象部门的描述，在芝加哥地区，在 24 小时内有一名男子因天气过热而致病，另有两人却因为气温过低被冻死。

该天气系统在穿越东海岸时仍具有一定的破坏性，据报道，一艘驳船在新英格兰海岸受大风影响从拖船上脱离，导致 14 名船员死亡。

 • 白色飓风（1888 年）、最快的阵风（1934 年）

 1911 年 11 月 11 日，一场由异常强劲的冷锋引发的龙卷风摧毁了包括这个家具厂在内的密歇根奥沃索地区。

地球轨道与冰河时代 ——— **062**

123

从 19 世纪中期开始，人们对过去冰期和温暖期（包括目前所处的温暖期）循环出现的现象有了新的认识，这促使着人们去寻求更为合理的科学解释。詹姆斯·克罗尔（James Croll）是一位杰出的人才，他在格拉斯哥一所大学的博物馆担任门卫期间，通过借阅书籍自学了物理学和天文学。他是首批将研究重心从地球本身转移到地球相对于太阳的运行轨道及方向的细微变化上的学者之一。

克罗尔最终与研究冰期的首席科学家查尔斯·莱尔（Charles Lyell）取得了联系，这也使他在苏格兰地质调查局获得了一份工作。1875 年，他所提出的概念与演算结果被写进了一本书，这本书的书名恰如其分地抓住了当时的问题：《气候与时间在地质学中的关系》（*Climate and Time，in Their Geological Relations*）。他计算出，在以数万年为时间尺度的某些时期，北半球的日照时长会略有减少，导致积雪堆积进而形成冰期。但是他的这种理论遭到了强烈反对。

另一位探究这种对应关系的学者是米卢廷·米兰科维奇（Milutin Milanković），他是一位塞尔维亚的工程师和数学家，在 20 世纪早期开始就被天文学和气候史深深吸引。从 1912 年开始往后的十多年的时间里，他从数学角度阐述了地球轨道与地球朝向太阳角度的三个参数的周期性变化如何导致夏季出现无法融化的积雪，进而演变成巨大冰川生成的驱动力。他的核心论文《地质气候之演变历程》（*Climates of the Geological Past*）于 1924 年发表，学界在之后数十年里一直围绕这篇论文争论不休。

在科学家们发明出测定碳和氧同位素变化的方法来确定地表物质和海洋浮游生物化石之后，可用的数据信息越来越多。尽管许多问题仍然没有解决，但于 1976 年刊登出的一篇论文证实了这些基本的周期变化可以从海底提取出的层状沉积物中获得更多的信息，这一具有里程碑意义的发现为米兰科维奇的理论提供了有力的支撑。

• "冰河时代"一词进入科学领域（1840 年） • 太空天气来到地球（1859 年）
• 冰层与泥土中的气候线索（1993 年）

这是一张 2013 年由国际空间站拍摄的太阳越过地球地平线的照片。从 19 世纪末开始到 1912 年，米卢廷·米兰科维奇完成了他的关键性研究，科学家们建立了一套冰河时代的形成归因于地球朝向太阳方向的细微变化之理论。

"天气预报工厂"

063

1904 年，挪威气象学家威廉·皮叶克尼斯（Vilhelm Bjerknes）提出了通过求解代表大气状态的数学方程来预报天气的想法。另一位英国数学家路易斯·弗莱·理查德森（Lewis Fry Richardson）则是第一个将皮叶克尼斯的理论向实践转化的人，他热衷于将科学应用于实际生活。例如，由于对 1912 年泰坦尼克号的沉没感到无比震惊，他便设计并演示了一套利用舰船上的喇叭轰鸣声来确定冰山位置的方案，并因此取得了专利。

尽管理查森的数值天气预报方法所需要的计算机的数字运算能力超过了当时的计算机所能提供的运算能力达几十年的技术水平，但这仍然为此后的天气与气候模型的基础奠定了理论依据。

1916 年，理查森利用一个表征三维空间中大气运动的方程组开始对他的理论进行第一次测试。他的任务是为中欧地区生成一份自 1910 年 5 月 20 日早晨 7 点起预报的未来 6 小时的"天气预报"。天气预报的一个关键步骤是充分了解初始场条件，以预测不同变量随时间推移而发生的变化。之所以选择这个日期，是因为他掌握了大量由皮叶克尼斯当时记录的湿度、气压和风的数据。理查森所取得的大部分辉煌成就是在第一次世界大战中他担任救护车司机期间利用业余时间完成的。为了做出那份"天气预报"，他在之后两年时间中进行了繁重而复杂的计算。

但这次预报最终还是失败了，理查森在他 1922 年出版的著作《数值天气预报》（*Weather Prediction by Numerical Process*）中对这次失败直言不讳，但同时他也确信这种方法是可靠且合理的。在书中，理查森设想了一个将人类当作计算机的"天气预报工厂"，在一名中央协调员的指挥下，6.4 万人在一个巨大的舞台上对各自分配到的地球上的区域进行计算。

第一份使用计算机制作的电子天气预报是由朱尔·查尼（Jule Charney）与他人于 1950 年在美国马里兰州的阿伯丁试验场共同制作完成的。理查森听闻这一消息非常兴奋，称其为"科学的巨大进步"。

• 第一次天气预报（1861 年）• 第一个计算机生成的天气预报（1950 年）
• 气候模式逐渐成熟（1967 年）

艺术家斯蒂芬·康林（Stephen Conlin）在 1986 年将刘易斯·弗莱·理查森（Lewis Fry Richardson）提出的"天气预报工厂"绘制成了一幅图画。

"中国的悲伤"

064

许多大型河流既是丰饶之源，亦是危险之源，它们在为人类提供肥沃土壤、贸易航路和丰富水源的同时，也带来了毁灭性的洪涝灾害，这种情况在中国黄河那蜿蜒曲折的河道周边尤为显著。历史学家将黄河称为中华文明的摇篮，但同时也将它称为"中国的悲伤"，因为周期性上涨的河水在冲毁淤泥质堤岸的同时，也曾造成惨重的人员伤亡。

四千多年来，黄河出现洪涝灾害的次数已经超过了 1000 次，据估算，有几次特大洪水夺走了超过 100 万人的生命，其中最骇人听闻的一次灾害发生在 1887 年，共造成 90 万~200 万人死亡。在之后 1931 年发生的灾害中，共有 88 060 平方千米的土地被淹没，导致数千万人无家可归。据估计，不断上涨的洪水以及随之而来的疾病和饥荒造成了 85 万~400 万人死亡。同年，长江和淮河流域也发生了可怕的洪涝灾害。

虽然暴雨是大多数洪涝年的一个影响因子，但是在探究黄河为何是世界上最"致命"的河流时，如果仅仅把关注点放在气象学问题上面，反而会形成一种干扰。黄河中包含大量的泥沙，也因此而得名"黄河"，然而人口数量与土地利用的变化，以及几个世纪以来人们试图控制黄河流向大海方向的行为，意味着与河中的泥沙流动时所产生的强大动力相对抗，这才是其危险程度逐渐加大的主要原因。

这些沉积的泥沙大部分是由数百万年来青藏高原上积累的厚厚的细黄沙形成的，这些积累的黄沙大部分是在 700 万至 800 万年前，一个既寒冷又干燥的时期，由大风自沙漠地区携带而来。在黄河下游地区，泥沙随着时间的推移沿着河道不断沉积，最终主河道被抬升到比周围的平原还要高，有些地区的高度差甚至达到了 9 米。这种状况在大约 300 年前达到峰值的时候，治理河流的措施反而加剧了洪涝风险。

另参见 • 一场强大的风暴（1900 年）、欧洲北海洪水（1953 年）

这是一张拍摄于 2008 年的中国黄河壶口瀑布的照片，可以看到壶口瀑布波涛汹涌，有时甚至具有毁灭性的破坏力。

最快的阵风

位于新罕布什尔州的华盛顿山是美国东北部最高的山峰，其海拔高度达 1917 米。虽然它比珠穆朗玛峰矮了 6931.5 米，但它冬季的风和天气状况的恶劣程度堪比喜马拉雅山脉。

首先，华盛顿山的地理位置处于美国北部风暴系统的几个主要路径的交汇之处，当急流裹挟着风暴自西向东试图翻越这座山峰时，位于该州境内南北走向的总统峰群（Presidential Range，华盛顿山是其中的一座山峰）成了一道天然屏障阻挡了这些西风。其次，急流会与海岸沿线上由南向北移动的天气系统相遇。此外，华盛顿山的位置处于一个漏斗状地形的咽喉处，因此东北方向的风也会在地形的引导下吹入其中，而陡峭的西侧山坡更加剧了漏斗状地形中的风速。

以上所有因素的共同作用使华盛顿山成为地球上风力最大的地区之一，这里每年平均有 110 天可以在峰顶处观测到飓风级别的阵风。

设立在山顶的气象观测站常年被冰雪覆盖，不过这并不影响它在将近 62 年的时间里一直保持着观测到的地球上最快阵风记录：1934 年 4 月 12 日，观测站工作人员观测到每小时 372 千米的"冲击波"似的阵风。这个记录直到 1996 年才被打破，当时澳大利亚巴罗岛的一个自动气象站记录下了台风"奥利维亚"的阵风，风速高达每小时 407 千米。

不过，华盛顿山上的阵风仍然保持着直接由人工观测所得的近地面最高风速记录。在最强阵风出现的那天，华盛顿山天文台的工作人员，包括萨尔瓦多·帕格卢卡（Salvatore Pagliuca）、亚历克斯·麦肯齐（Alex McKenzie）和温德尔·斯蒂芬森（Wendell Stephenson），在睡梦中被狂风惊醒，他们后来将其记录为"华盛顿山式的超级飓风"。从早晨起随着时间的推移，风力变得越来越强劲，到了下午 1 点 21 分，风速仪记录到了每小时 372 千米的阵风。这次风速被测定后，美国国家气象局对当时使用的风速仪进行了多次检测，最终确认观测结果有效。

 • 白色飓风（1888 年）•"蓝色超强寒潮"（1911 年）

 位于新罕布什尔州的华盛顿山天文台（Mount Washington Observatory）时常经历一些世界上最极端的天气，这里常年被凛冽寒风中携带的水滴凝结而成的冰雪所覆盖。

黑色风暴事件

几千年来，美国大平原上的肥沃土壤积存于深深的草地之下，其厚度已经惊人地达到了 1.8 米。19 世纪末期，一波又一波的拓荒者在这里定居下来，开始放牧和种植庄稼。到了 1920 年前后，联邦政府慷慨的激励政策和小麦价格的上涨导致南部平原地区进入了"大开垦"时代，超过 500 万英亩已经具备抵御干旱能力的草原生态系统被耕地所取代。然而随着经济大萧条时期的到来，小麦价格暴跌，耕地也随之荒废。

从 1930 年夏天开始，一场严重的干旱灾害拉开了帷幕，数十年来的破坏性农业生产开始让人们为自己的行为付出代价。1934 年 5 月 9 日，一堵高达 3 048 米的沙尘组成的"高墙"席卷了平原地区，其厚度足以遮天蔽日。沙尘暴在向东移动的过程中逐渐加强，其庞大的云系中共携带了 3.5 亿吨沙尘。这场沙尘暴一路吹到了芝加哥，给这座城市带来了大约 540 万千克沙尘。两天后，沙尘暴抵达了纽约市，当时的天空昏暗无光，地面上仿佛覆盖了一条黑色的毯子。随后沙尘暴继续向波士顿方向移动，最终移到了海上。沙尘暴过后，航行在大西洋的船只上的船员们发现甲板上有一层厚厚的来自美国大平原上的沙土等待清扫。

然而这一切仅仅只是个开端，最严重的沙尘暴天气发生在 1935 年 4 月 14 日，这一天后来被称作"黑色星期天"。沙尘暴横扫了美国大平原从加拿大南部到得克萨斯州的区域，将白天变成了暗无天日的黑夜，并造成了巨大的破坏。数以百计的人被疾病折磨，许多人死于"尘埃性肺炎"。来自丹佛的记者罗伯特·E. 盖格（Robert E. Geiger）当日恰巧身处俄克拉荷马州，他是第一个使用"黑色风暴"这个词语形容这场灾难的人。这场黑色风暴使得已经在大萧条时期饱受创伤的美国中心地区又增添了巨大的痛苦。

 • 远途输送的沙尘（2006 年）• 平息一场激烈的辩论（2012 年）

图为 1935 年 4 月 18 日，一场强大的沙尘暴逼近得克萨斯州的斯特拉特福德。

Le Petit Journal

ADMINISTRATION
61, RUE LAFAYETTE, 61

Les manuscrits ne sont pas rendus

On s'abonne sans frais
dans tous les bureaux de poste

5 CENT.   SUPPLÉMENT ILLUSTRÉ   **5** CENT.

27me Année — 44 — Numéro 1.707

DIMANCHE 9 JANVIER 1916

ABONNEMENTS

	SIX MOIS	UN AN
SEINE et SEINE-ET-OISE..	2 fr.	3 fr. 50
DÉPARTEMENTS..........	2 fr.	4 fr. »
ÉTRANGER	2 50	5 fr. »

LE GÉNÉRAL HIVER

俄罗斯的"冬将军"

067

天气在战争中往往扮演着不可预测的角色，如 1588 年，风的变化就帮助英国舰队击败了更强大的西班牙"无敌舰队"。但有时即使原本可以准确预报的天气，其重要性和影响程度仍然被低估了。在涉及入侵俄罗斯的问题上，这种情况尤其明显。俄罗斯那臭名昭著的严寒和融雪导致的让人寸步难行的泥泞，成为战场上致命的敌人，被战争历史学家称为"冬将军"和"泥泞将军"。

无论是 1708 年大北方战争中瑞典的入侵失败，还是 1812 年拿破仑的侵俄战争的失败，寒冷虽然不是唯一的，或者说导致失败的决定性因素，但它却在持续不断地造成士兵的伤亡，削弱着部队的战斗力。在 1941 年德国试图征服俄罗斯的战争中，希特勒的过度自信使部队未能按时抵达莫斯科，导致"冬天"加入了这场战争。

历史学家安德鲁·罗伯茨（Andrew Roberts）在其 2011 年出版的《战争风暴》（*The Storm of War*）一书中回忆道，1941 年 12 月 20 日，约瑟夫·戈培尔（Joseph Goebbels）呼吁德国公民捐出保暖衣物来送往战争前线，"就算是有一名士兵因为衣物不够暴露在这严寒的冬天之中，那些在家中享受的人都不配拥有哪怕一分一秒的和平时刻"。

然而收效甚微，一切都太迟了。

希特勒对天气预报员不屑一顾的态度使他的部队受到了灾难性的打击。在他 1941 年 10 月 14 日深夜写下的一段关于气象预报的独白中，他曾明确表达了自己的观点：

> 人们不能相信气象局的预测……天气预报不是一种可以从物理角度分析的科学。我们需要的只是具有第六感的天才，即使他们对等温线和等压线一无所知，他们仍然生活在大自然中，与大自然共处……

罗伯茨在希特勒的叙述中指出，希特勒的图书馆中有许多关于拿破仑参与的战役的书籍。不过讽刺的是，他并没有从他这位前辈那里学到最显而易见的教训。

（另参见）• 大航海时代（1571 年）• 当急流变成武器（1944 年）

这是一张"冬将军"的图像，他在战争期间频繁充当俄罗斯的盟友，活跃在第一次世界大战的东部战线上，在 1916 年 1 月 9 日法国报纸《巴黎日报》（*Le Petit Journal*）的封面上可以看到相关的消息。从拿破仑到希特勒，俄罗斯的敌人们都在面对着这个强大的敌人。

MARCH 1950

35 CENTS

POPULAR
MECHANICS
MAGAZINE
WRITTEN SO YOU CAN UNDERSTAND IT

REG'D TRADE MARK, GREAT BRITAIN, No. 410428

REG. U.S. PAT. OFF.

FLY INTO THE HEART OF A TYPHOON
—Read this terrific story of a B-29 crew—Page 133

飓风猎人

　　如今，特种飞机通过飞入各种强度的热带风暴系统的核心收集数据以改善美国国家飓风中心预报结果的情况已经越来越普遍了。这些飞行任务可以获取卫星图像或者雷达无法探测到的包括风速在内的一些气象条件的详细信息。在这项工作中，至关重要的环节就是将下投式探空仪——一个装满探测工具的管状仪器，下投到风暴中，它在下降过程中可以传输各种大气条件的探测数据。在典型的飓风季节中，此类观测实验会部署多达 1500 台探空仪。

　　这样的飞行任务可以追溯到第二次世界大战，军用飞机早在气象卫星时代之前，就在太平洋空域进行巡逻时尝试追踪台风。第一次官方支持的飓风追踪飞行任务始于 1944 年，但是已知的第一次进入飓风眼的飞行发生在此一年之前，这次飞行过程中充满了挑战和风险。

　　1943 年，一群驻扎在美国得克萨斯州的布莱恩军事基地的英国飞行员正在进行仪表飞行训练，这是一套新的训练方式，专为夜间或恶劣天气下的安全飞行而设计。负责此次训练的教练正是早期便精通这种飞行方式的美国空军上校约瑟夫·达克沃斯（Joseph Duckworth）。在训练中突然有消息传来称，一个飓风（后来被命名为 1943 年的"惊喜"飓风）正在加强并且逐渐接近加尔维斯顿，该地区早在 1900 年就被当时的一个大型飓风摧毁。

　　当英国飞行员听说他们正在训练中使用的两架 AT-6"得克萨斯"飞机需要临时飞到一个更安全的地方时，他们便开始嘲笑教练，认为这些飞机脆弱得不堪一击。根据气象学家和历史学家卢·芬奇（Lew Fincher）对这一事件的记载，达克沃斯随后便和一名领航员从基地起飞，飞入风暴中心并安全返回，并且重复进行了这一壮举，在这场赌博中证明了这些英国飞行员大错特错。

　　飞入飓风很快成为一项严谨的科学研究工作，随后的飞行都使用了四引擎飞机执行任务。但这也是一份充满危险的职业，1945—1974 年，共有 6 架飓风猎人飞机在风暴中失踪，其中 5 架消失在太平洋地区，另一架消失在加勒比海地区，一同失踪的还有 53 名机组人员。

・富兰克林追逐旋风（1755 年）・龙卷风的第一张照片（1884 年）・一场强大的风暴（1900 年）
・追逐风暴逐渐科学化（1973 年）

图为 1950 年 3 月发行的《大众机械》（*Popular Mechanics*），讲述了美国空军使用 B-29 轰炸机探测太平洋中的台风的故事。

当急流变成武器

"急流"这一专业术语在 1947 年的一篇论文发表之后走进了气象学文献,这篇论文由美国芝加哥大学的科学家撰写,用于描述高空中弯曲延伸的高速气流。在第二次世界大战中,盟军发现他们的轰炸机向西飞行的速度出乎意料地缓慢,这种风才引起了人们的注意。但其实这种风早在 20 年前就已经被发现,并且在战争期间扮演着一个令人意想不到的致命角色。

在 1923—1925 年,日本气象学家大石和三郎在东京北部的一个观测站发射了 1200 多个小型观测气球,以估算不同季节不同海拔高度的风速。他发现冬季的时候,在海拔高度 7620 到 10 668 米之间存在着一层西风,风速经常超过 241 千米 / 小时,他在 1926 年发表了他的研究结果,但可惜的是论文用世界语(一次通用语言的尝试)完成且仅发表在天文台学报上。

大石于 1940 年去世,但他的研究成果被保留了下来。在他留下的图表的指导下,日本在 1944 年 11 月至 1945 年 4 月发射了 9000 枚载满燃烧弹的气球。虽然大多数气球都落入了太平洋,但还是有 300 个气球成功地飞到了美国领土上。

几乎所有到达美国领土的气球都降落在无人居住的地区,只有一个燃烧弹造成了人员伤亡。1945 年 5 月一个美好的下午,俄勒冈州的牧师阿奇·米切尔(Archie Mitchell)和他怀孕的妻子爱丽丝(Elyse)在他们的五个孩子从主日学校下课后,开车载他们去树林里野餐。当米切尔向道路工作人员寻求建议时,爱丽丝和孩子们走进了附近的森林。道路工作人员之一理查德·巴恩豪斯(Richard Barnhouse)看到爱丽丝和孩子们指着地上的东西,随后便发生了大爆炸。这场爆炸导致爱丽丝和孩子们死亡,这是在北美大陆上发生的唯一一起因敌军行动导致的伤亡事件,他们死于一个漂洋过海挂载在纸气球上的炸弹。

 • 探空气球首次升空(1783 年) • 飓风猎人(1943 年)

 在第二次世界大战后期,日本利用急流向美国投放了数千个携带燃烧弹的气球。据了解,共有大约 300 个气球到达了陆地。1945 年 5 月 5 日俄勒冈州南部,一名孕妇和 5 名儿童因其中一枚炸弹爆炸而死亡。

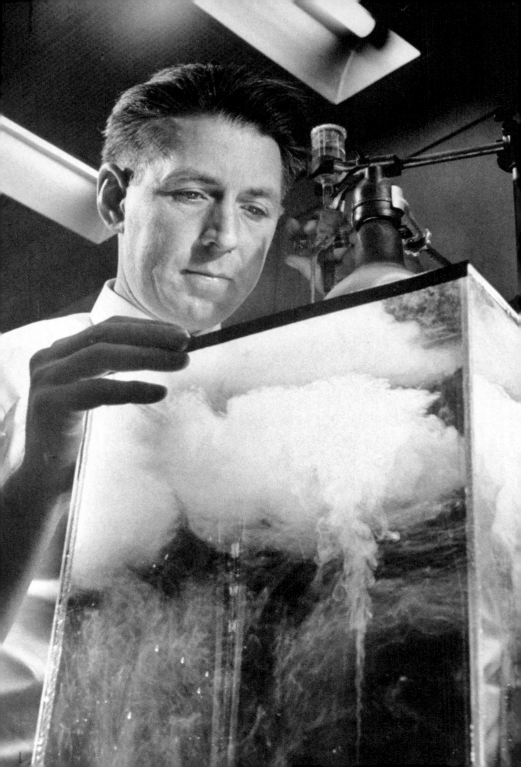

造雨师

　　长久以来，人们都梦想着可以控制天气，但大多数的尝试都建立在依靠魔法或是祈祷的基础上。直到 19 世纪，一些备受瞩目的人物才做了些虽然有点异想天开，但比以前更符合自然规律的尝试。根据科尔比学院（Colby College）的科技史学家詹姆斯·罗杰·弗莱明（James Rodger Fleming）的记录，有许多试图引发降水或是驯服大自然的人，被称为"造雨师"并登上了头条新闻。在 18 世纪 30 年代，美国联邦政府雇佣的第一位气象学家詹姆斯·埃斯皮（James Espy），提议通过点燃大火来制造上升热气流，从而促进风暴的形成。1891 年，国会慷慨地资助了一场试图利用爆炸缓解得克萨斯州干旱状况的离奇实验。后来，商人查尔斯·哈特菲尔德（Charles Hatfield）和他神秘的造雨药水，将"降雨培养"，也就是"人工降雨"的概念带入了 20 世纪。他在他的木制小平台上，通过一番神秘的操作使他的药水蒸发并声称可以终结干旱，因此被好几个城市雇用。甚至有一次，加利福尼亚的降雨引发了灾难性的洪水，这恰好与他使用药水的时间不谋而合，令他陷入了诉讼。

　　1946 年，通用电气公司位于纽约州北部的实验室的研究人员提出了更加科学有效的方法来生成云层，这是制造雨或雪的关键步骤。实验室技术人员文森特·舍费尔（Vincent Schaefer）发现干冰可以瞬间将云室中的水汽转化为数百万个冰晶。另一个研究人员，小说家库尔特·冯内古特（Kurt Vonnegut）的哥哥伯纳德·冯内古特（Bernard Vonnegut），很快就发现碘化银颗粒也能起到同样的作用。1946 年 11 月，舍费尔和一名飞行员在马萨诸塞州一架小型飞机上播撒了碘化银，成功制造了降雪。

　　云的催化很快从实验转化到了实际应用，甚至包括在战争中的使用。为此，人们在 1978 年签署了公约，禁止任何用于军事目的的环境致变技术。

 • "私人订制天气"（1902 年）• 设计气候?（2006 年）

　　图为 1946 年通用电气公司的科学家文森特·舍费尔发明的使用干冰生产云层的方法，碘化银也同时作为原材料进行了使用和测试。

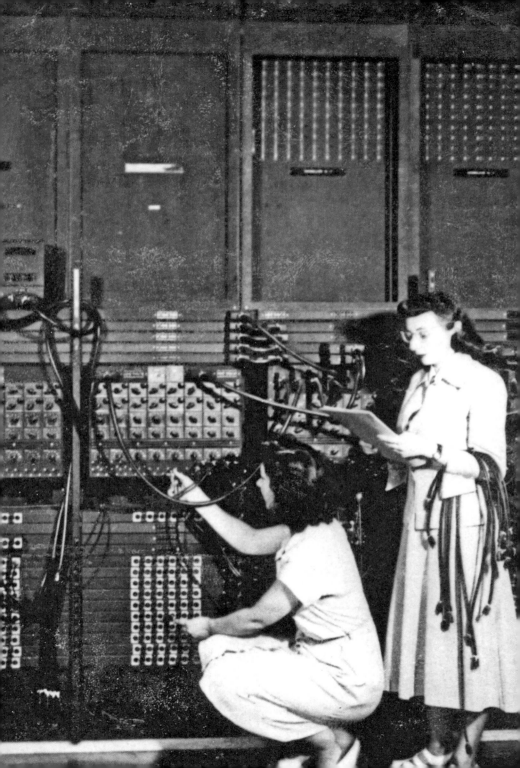

—— 第一个计算机生成的天气预报 ——

早在 19 世纪末期，美国气象学家克利夫兰·阿贝（Cleveland Abbe）和他的同行们就认识到，大气中能量和水汽的流动形成了各种各样的天气现象，这个过程可以用数学方法来表示。天气的可预测性的前景是明确的，但是又难以捉摸。路易斯·弗莱·理查德森（Lewis Fry Richardson）在 1922 年对"天气预报工厂"的设想奠定了数值天气预报的基础架构。但是还需要再过几十年才能满足两个关键需求，即密集的全球实时观测数据和只有通过计算机才能实现的海量数据的快速计算能力。

天气预报的质量不仅在于对大气进行的数学模拟的设计，还要尽可能详细地再现陆地和海洋在某个时间点的初始气象条件，包括风、温度、气压。全球互联并快速扩展的气象观测网正在迅速改善这种需求状况，而卫星和深潜海洋浮标的观测资料也将为我们带来更大的飞跃。

除此之外，也可以通过海量的数据运算来满足需求。就像从太空飞行到能源技术等众多领域，推动天气预报发展的动力主要来自它与国防安全的相关性。随着冷战的持续酝酿，美国海军获得了约翰·冯·诺伊曼（John von Neumann）的支持，他是美国新泽西州普林斯顿大学高级研究所的一位著名的数学家。美国的国家气象研究项目开始于 1946 年 7 月。

冯·诺伊曼召集了由朱尔·查尼（Jule Charney）领导的一批气象学家、研究大气的数学模型。他们使用了第一台现代电子计算机，即有 30 吨重，包含了 18 000 个电子管的 ENIAC（全称为 Electronic Numerical Integrator And Computer，即电子数字积分计算机），该机器的首次使用是在 1945 年用于计算研制氢弹的可行性。第一个通过计算机生成的 24 小时天气预报于 1950 年 4 月完成，并于当年晚些时候公之于众。虽然计算机最终花费了超过 24 小时的时间用于计算过程，但这些努力证明了这种技术是有效的。三年后，瑞典 BESK 计算机生成了第一个实时数值天气预报，比实时的天气提前了大约 90 分钟。

（另参见）・ 第一次天气预报（1861 年）・ "天气预报工厂"（1922 年）

图为 1946 年，马琳·梅尔策（Marlyn Meltzer, 图中站立者）和露丝·泰特尔鲍姆（Ruth Teitelbaum, 图中蹲下者）正在为美国军方检查 ENIAC 计算机上运行的程序。许多早期的计算机程序员都是女性。

龙卷风预警的进步

长期以来，气象学的核心目标都是为灾害性天气发出预警，但是预警的需求和误报的风险之间始终存在着矛盾，尤其是对于那些最危险的风暴。1878 年，美国陆军通信兵团的一名年轻军官约翰·帕克·芬利（John Park Finley）开始对龙卷风的位置及其相关的气象条件进行持续而详细的研究，在此之前他曾接受过大量的关于气象知识的培训。他在《龙卷风：它们是什么及其观测方法》（*Tornadoes: What They Are and How to Observe Them*）一书中总结发表了他的研究结果，提出了切实可行的生命及财产保护建议。

但同年，陆军通信兵团发布了关于龙卷风预警的禁令，甚至在预报中都不得提起"龙卷风"一词，飓风预警同时也被正式禁止。1895—1913 年，美国气象局局长威利斯·摩尔（Willis Moore）坚决执行了这项政策。（摩尔对发布飓风预警的反对被认为是 1900 年加尔维斯顿飓风导致重大生命财产损失的原因之一。）

这项龙卷风预警禁令于 1938 年被放宽，但之后又持续了十年。1948 年 3 月 20 日，一个强大的龙卷风摧毁了位于俄克拉荷马州的一个军用机场的数十架飞机。两名空军气象学家立即受命评估这种风暴的可预测性，仅仅五天之后，他们就在另一个即将袭击基地的龙卷风到达之前的三小时发布了龙卷风预警。

1950 年 7 月 2 日，气象局局长弗朗西斯·W. 里奇德弗（Francis W. Reichelderfer）废除了这一禁令，并写道："对龙卷风的预警应充分考虑预报员的预报意见。"

1953 年 4 月 9 日，在伊利诺伊州的一场暴风雨中，一个第二次世界大战后遗留下来的雷达系统发现了反映雷暴中存在龙卷风活动的"钩状回波"，研究自此取得了重大进展。这个警示信号和越来越频繁的雷达监测使得预警变得更加可靠。但是这些强大的风暴系统仍然会造成严重的破坏，尤其是在发出的预警没有受到重视，或者附近没有避难所的情况下。

另参见 • 一场强大的风暴（1900 年）• 第一个计算机生成的天气预报（1950 年）

尽管龙卷风一直都具有破坏性和致命性，但加强预警手段、加固建筑结构以及增加避难所等措施可以大大降低死亡率。图为 2013 年 5 月 20 日俄克拉荷马州摩尔市遭受龙卷风袭击之后的场景，可以看到一座混凝土圆顶避难所幸免于难。

伦敦烟雾事件

自中世纪以来，煤炭一直都是伦敦的采暖供热燃料。到了 19 世纪，随着人口的增长，煤炭燃烧常常与有毒气体的出现有关，正如 1882 年查尔斯·狄更斯（Charles Dickens）在《伦敦词典》（*Dictionary of London*）中指出："没有什么能比大量吸入污浊的空气和漂浮的碳颗粒更能损伤肺部和气管了，而伦敦的烟雾中同时包含了这两种有害物质。"

但是比起后来为众人所知的"伦敦烟雾事件"，之前所有的污染根本不值一提。这次事件自 1952 年 12 月 5 日开始，这座城市被烟雾笼罩了整整五天。受到一次异常漫长的寒潮影响，伦敦的居民为了取暖大量使用燃煤。在正常情况下，烟雾会抬升到高空中并逐渐消散，但是由于当时城市上空受到高压系统控制，形成了逆温层，导致烟雾和潮湿的空气无法顺利扩散出去。

正如英国国家气象局解释的那样，污染物成了形成雾的催化剂，因为水蒸气会凝结在微小的颗粒上。由化学物质和水产生的酸性混合物，最终会加剧对皮肤和呼吸系统的危害。

有毒烟雾笼罩着这座城市，导致全城陷入了瘫痪。人行道和马路上到处都是黑色的污垢，那些双层巴士必须由售票员在车前用灯光引导才能继续前行。这场酸雾最终导致了 15 万人入院治疗，并与多达 12 000 起死亡事件有着直接或者间接的关联。这一事件使得英国在 1956 年通过了《清洁空气法》（*Clean Air Act*），随后提出了更为严格的烟雾排放限制措施。

近年来，中国和印度的工业化城市已经开始努力应对可怕的雾霾事件，这些雾霾事件是由 21 世纪的污染物引发的，包括煤炭燃烧、汽车尾气以及烹饪用火等。

· 伦敦的最后一次冰冻博览会（1814 年）· 煤炭、二氧化碳和气候（1896 年）
· 黑色风暴事件（1935 年）

◁ 图为一名男子正在引导一辆伦敦巴士穿越浓厚的毒雾。

欧洲北海洪水

荷兰，从英文"Netherlands"的字面意思来理解又可以被称为"低地之国"，纵观其历史，生活在这里的人们一直以来都不得不采取各种措施以保证将北海的海水拒之门外。这个人口密集型的国家有百分之二十的领土海拔高度位于海平面以下，还有一半的领土海拔高度不超过潮汐高度一米。早期的风车的一个功能就是将水从圩田中抽出来，这些圩田在这之前都是沼泽地带，需通过排水的方法填筑而成。

到了 20 世纪早期，荷兰人民越来越担心一场猛烈的风暴会给全国造成大范围洪水威胁。根据 1937 年的一份政府报告，在注意到包括海上堤坝情况恶化等危险信号后，政府提出了一项重大工程改造计划，包括在海水入口处建立防护设施，以及其他一些措施，来减少对沿海堤坝的依赖。但是因为各种延误，以及不久后的第二次世界大战爆发，这项工程的工期一再被推迟。到了 1953 年，只有两个河口建立了防护设施。

灾难随之降临。1953 年 1 月 31 日，在外飓风强迫作用下，北海上空产生了一个巨大的风暴。在暴风雨来临时，许多堤坝不仅高度不达标，还因为战争期间在堤坝内建造了军事设施而受到了侵蚀，削弱了堤坝的强度，海堤最终在 150 个地方出现了断裂。风暴潮与一次涨潮同时发生所导致的洪水在一夜之间淹没了 1400 平方千米的土地，造成了 1836 人死亡。虽然英格兰和比利时的沿海地区也遭受了洪灾袭击，但荷兰的受灾情况最为严重。

随着国民经济的缓慢复苏，荷兰政府成立了三角洲工程委员会，以确定如何加强海岸的防护能力来达到一个前所未闻的标准，即可以抵御千年一遇的高强度风暴。最终的三角洲计划包括封锁河口、修建大坝和风暴潮屏障、安装水闸和船闸以及加固堤坝等措施。整个建设工程始于 1958 年，最终于 1997 年正式竣工。

2014 年，考虑到关于全球变暖导致海平面上升的预测，新的三角洲计划得到批准，根据该计划，未来 30 年内还将耗资 250 亿美元用于防洪工程建设。

 · 加利福尼亚大洪水（1862 年）· 一场强大的风暴（1900 年）· "中国的悲伤"（1931 年）

 图为荷兰克勒伊宁恩的居民正在查看北海洪水袭击后遭受的破坏情况。在洪水退去六个月后，许多城镇仍被掩埋在淤泥中。

二氧化碳的上升曲线

　　经过一个世纪的研究，人们已经明确意识到痕量气体二氧化碳正在使地球升温，并且化石燃料燃烧所排放的气体会大大加快气候变暖的进程。但这种气体在大气中的浓度会以多快的速度上升？海洋和森林对二氧化碳的吸收作用是否仍在持续进行？还没有人能给出确切的答案。

　　1957 年，两名来自斯克里普斯海洋研究所的科学家罗杰·雷维尔（Roger Revelle）和汉斯·E. 修斯（Hans E. Suess）论证了海洋存储二氧化碳的能力实际上是有限的。在他们的论文发表之前，雷维尔补充道："人类正在进行一种大规模的地球物理实验，这种实验前无古人，后无来者。"这句话自那之后便被频繁引用。

　　这项"实验"实际上是指大气中二氧化碳的持续积累作用，其结果将在未来几个世纪对人类和生态系统造成重大的影响。

　　但与此同时采取持续的观测手段以追踪二氧化碳的实际变化情况很有必要。1958 年，作为名为"国际地球物理年"的全面研究计划的一部分，斯克里普斯的年轻化学家查理斯·大卫·基林（Charles David Keeling）在夏威夷群岛中的一座巨大的休眠火山——莫纳罗亚火山处安装了一种仪器，它可以持续测量该地区海拔高度 3352.8 米处的二氧化碳浓度。这里远离任何污染源，持续的记录也由此开始。根据每年读数的下降和上升，可以了解到北半球每年春季和夏季植物的生长状况。但到了 1960 年，二氧化碳浓度开始长期呈现明显的上涨趋势，并且这种趋势变得越来越清晰。在接下来的几十年里，基林对二氧化碳浓度的系统性观测仍在持续进行，直到 2005 年他不幸去世后，观测工作由他的儿子拉尔夫·基林（Ralph Keeling）接手。拉尔夫·基林制作了一个标志性的曲线图，现在被称为基林曲线。

 • 科学家发现温室气体（1856 年）• 煤炭、二氧化碳和气候（1896 年）

　　图为斯克里普斯海洋研究所的查理斯·大卫·基林（Charles David Keeling）正在检验他绘制的二氧化碳浓度变化曲线。

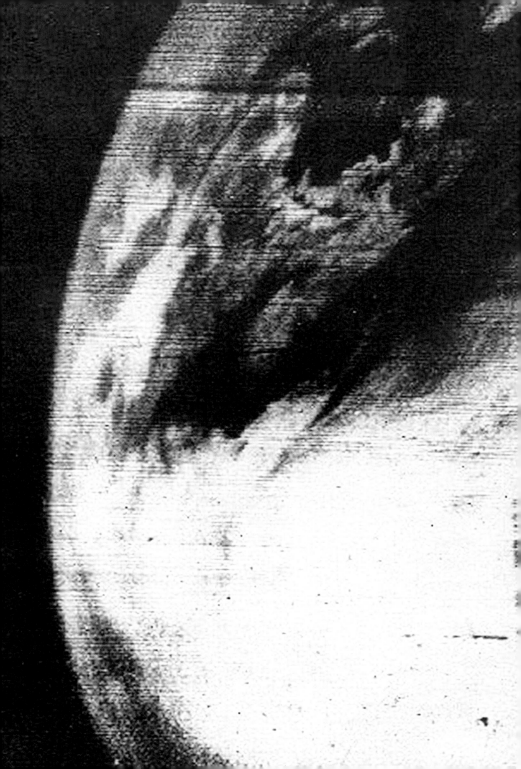

从卫星轨道观察天气

20 世纪 50 年代末，天气预报也做好了实现飞跃式转型的准备。计算机模拟、雷达和其他相关科技都在迅速发展，但国家之间的太空竞赛又带来了一个全新的观测手段，那就是通过发射进入卫星轨道的对地观测相机来对天气形势进行观测。

不久之后人们就通过挂载的观测仪器获取了大量的数据，不仅包括云的形态，还包括温度、湿度等。1959 年 2 月 17 日，美国首次尝试发射气象卫星"先锋 2 号"。但是运载火箭在将卫星送入轨道时，其中一部分与其他航天器发生了碰撞，导致其在绕轨道运行时产生了摆动，极大地限制了它收集有效的云层数据的能力。

1960 年 4 月 1 日，随着美国国家航空航天局将 TIROS-1 气象卫星成功发射升空，卫星气象的时代正式拉开了帷幕。这是一艘重达 270 磅的航天器，装载了两个太阳能电视摄像机，其中一台用于从较远的视角获取地球的影像，另一台则用于获取更精细的图像。摄像机在卫星从地球这一极点运行到另一极点的过程中每 30 秒进行一次拍摄，当卫星航行至超出地面站网络范围的区域时，则会先将图像存储在磁带上。

TIROS-1 拍摄的第一张照片是红海，自 1960 年 4 月 1 日至 6 月 18 日，TIROS-1 共向地球传送了 23 000 张图像。虽然图像分辨率较低，呈现颗粒状，但其结果证明了利用卫星观测提高天气预报的准确率的思路是可行的。

1962 年，TIROS（Television InfraRed Observation Satellite，电视红外观测卫星）计划中的第四艘航天器发射升空，并携带了新一代摄像机和传感器，美国国家气象局自此开始向世界各地的气象机构传输卫星云图。

TIROS 观测项目一直持续到 20 世纪 80 年代，为后续的对地观测卫星的发展铺平了道路。通过追踪降水率、积雪与海冰覆盖，以及风速、大气平均温度等一系列气象要素，卫星观测改善了对天气和气候的研究工作。

另参见 • 地球轨道与冰河时代（1912 年）• 第一个计算机生成的天气预报（1950 年）

 图为 1960 年 4 月 1 日首颗成功发射的气象卫星 TIROS-1 拍摄的第一张太空视角的地球影像。

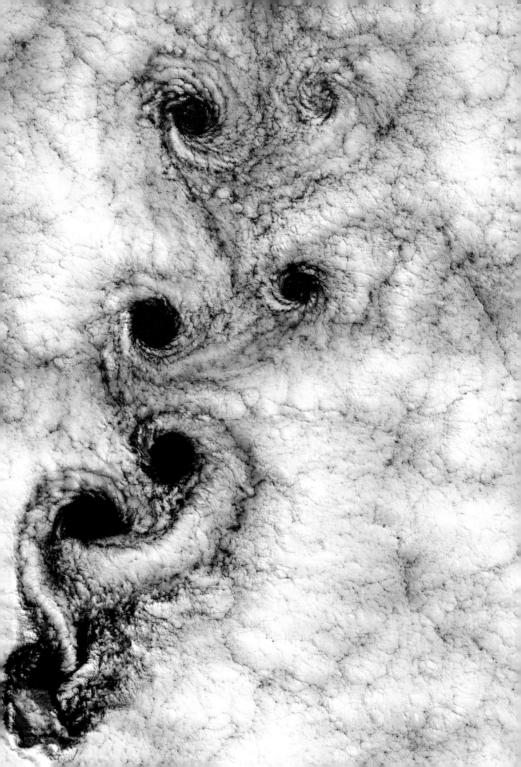

混沌和气候

1960 年，由威廉·皮叶克尼斯（Vilhelm Bjerknes）、路易斯·弗莱·理查德森（Lewis Fry Richardson）等人于早年间提出的数值天气预报，其发展速度几乎和计算机更新换代速度一样快。随着卫星和其他遥感仪器的进步，理论的不断完善，气象学的发展进入了黄金时期。随后，爱德华·N. 洛伦兹（Edward N. Lorenz）提出了混沌理论。

1960 年 11 月在东京召开的一次会议上，洛伦兹做了一场发人深省的演讲。他使用了一个简单的描述大气状况的计算机模型来生成天气图，并试图通过标准的预报方法来得出预报结论。但是预报时效一旦超过三天，预报结论就会变得毫无意义，这么短的预报时效远远没有达到原来的预期。

历史学家詹姆斯·罗杰·弗莱明（James Rodger Fleming）在其 2016 年出版的《创造大气科学》（*Inventing Atmospheric Science*）一书中对这件事描述道：

> 他发现这个误差一直在以缓慢的指数速度增长，这近乎相等的初始场计算出的最终状态之间完全没有任何相似之处。这也就意味着通过数学方程来进行天气预报，至少对于这一组特定方程来说，是存在着预报极限的。他提出了天气系统对初始条件具有"极端敏感性"的原理，这就是混沌理论的基本观点。

洛伦兹对此继续进行了深入研究，并最终在 1963 年发表了一篇具有里程碑意义的论文，文中包括了这一明确的观点："除非当前的条件都是确切已知的，否则任何方法都不可能预报足够遥远的将来。鉴于气象观测数据不可避免地会出现不准确和不完整的情况，准确的超长期天气预报看起来并不存在。"

从那以后，混沌理论开始影响金融、生态等各个领域。洛伦兹的理论在 1972 年之后被称为蝴蝶效应，当时的一位会议组织者在洛伦兹不知情的情况下，为他的演讲插入了这个标题："在巴西扇动翅膀的蝴蝶是否会在美国得克萨斯州引发龙卷风？"

 "天气预报工厂"（1922 年）• 第一个计算机生成的天气预报（1950 年）
• 气候模式逐渐成熟（1967 年）

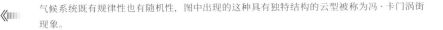

气候系统既有规律性也有随机性，图中出现的这种具有独特结构的云型被称为冯·卡门涡街现象。

总统发出的气候警告

从 20 世纪 50 年代末到接下来十年的大部分时间里，美国在海洋和气象方向投入的研究经费大大增加。1965 年年初，在听取了科学家们关于全球变暖的理论基础介绍后，林登·B. 约翰逊（Lyndon B. Johnson）总统成了第一个在该问题上发表意见的美国领导人。

同年 2 月 8 日，约翰逊向国会递交了一份关于保护和恢复自然景观的特别咨文，其中还包括了一份关于"化石燃料燃烧导致二氧化碳含量稳定增加"的观测结果。

他警告说，污染对环境的影响不再仅限于局部地区，而且会产生累积效应，因此政策需要向积极的方向调整："在我们采取措施前等待的时间越长，可能出现的危险就越大，问题也会愈加严重。空气和水路的大规模污染并不会受到行政边界的限制，其最终产生的影响会远远超出最初制造污染的肇事者所能承担的范围。"

虽然约翰逊的主要目标都集中在有害空气和水污染上，但他的前瞻性建议也预示着他的继任者们在制定关于控制温室气体排放方面的国内及国际政策时将面临漫长且艰难的挑战。

约翰逊还写道："此外，《清洁空气法》应当进行修正，以允许卫生、教育及福利部长在污染发生前就拥有调查潜在空气污染问题的权限，而不是像现在一样，等污染造成了损失之后才开始采取措施。"

同年晚些时候，由罗杰·雷维尔（Roger Revelle）为领导包括华莱士·布勒克（Wallace Broecker）和查尔斯·基林在内组成的小组，向总统提交了一份包括气候变化在内的关于目前自然环境所面临的挑战的科学报告。报告中写道："从人类的角度来看，二氧化碳含量的增加导致的气候变化将可能危害人类生活。"这份报告甚至提出了实施一些补救措施的必要性，即"主动制造一些抵消性的气候变化"，这种措施现在被称为地球工程或者气候干预。

（另参见）• 全球变暖成为头条新闻（1988 年）• 从里约到巴黎的气候外交（2015 年）

图为林登·约翰逊总统和伯德·约翰逊夫人于 1968 年在得克萨斯州斯通沃尔附近的花丛中散步。

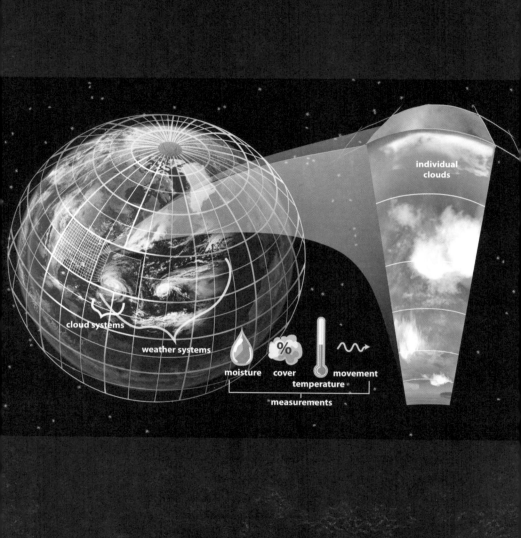

气候模式逐渐成熟

从 20 世纪 50 年代开始，气象学家在完善计算机通过模拟计算生成天气预报的同时，还在努力构建数学模型以捕捉更长时间尺度的大气环流，并阐明海洋、云层及温室气体等要素对气候变化的影响。

1967 年，一篇论文的发表使整个研究进程迈出了重要的一步。该论文首次尝试使用数值模式来评估大量累积的温室气体对气候变暖的影响程度。这个一维模型非常简单，仅使用单个空气气柱来代表大气的整体状态，但它却在评估气候对二氧化碳浓度上升的敏感性方面表现得非常出色。

这篇论文的作者是来自美国地球物理流体力学实验室的真锅淑郎和理查德·T. 韦瑟尔德（Richard T. Wetherald），他们在文中写道："根据我们的评估，如果大气中二氧化碳含量增加一倍，气温（假定大气相对湿度恒定不变）则会升高约 2 ℃。"尽管由于持续的不确定性，例如温室效应和云层的反馈机制等情况的存在，温度偏差在偏冷和偏暖的区间内变化幅度比较大，但这一数字仍然接近此后所做的数十次评估实验的平均值。

在这篇论文中，真锅淑郎和韦瑟尔德首次准确给出了即使低层大气（即对流层）变暖平流层也会变冷的假设，后来的观测结果也证实了这个观点。

在 1975 年的一篇论文中，二人将他们的计算范围扩展到了三维空间，具有更精细的分辨率。他们的计算过程包含了成千上万行代码，运行在世界上最强大的超级计算机上，为大气环流模型的建立铺平了道路。2015 年，在线出版物《碳简报》（*Carbon Brief*）邀请了最新的 IPCC（联合国政府间气候变化专门委员会）气候评估报告的撰写者们，共同将二人的论文提名为"有史以来最具影响力的气候变化论文"。而 1967 年的那篇论文获得了八项提名，是其他同类论文的两倍多。

• "天气预报工厂"（1922 年）• 第一个计算机生成的天气预报（1950 年）

早期的计算机气候模拟仅使用单个空气气柱来表征大气。现在，大气环流模式使用了详尽的数学表达式来表征陆地、海洋、大气和冰盖之间相互耦合的作用，这些元素共同形成了气候。

追逐风暴逐渐科学化

　　追逐风暴，尤其是追逐龙卷风，并不是一项在电影、电视真人秀以及网络视频中看起来的那样充满了高科技并且备受瞩目的行为。追逐风暴的先驱者之一大卫·霍德利（David Hoadley）是一名业余气象观测员，他的家乡位于美国北达科他州俾斯麦市。1956 年，这里遭受了一场严重的风暴，这也激发了他追逐风暴的激情。霍德利是美国陆军中尉、联邦政府预算分析师、素描艺术家和摄影师，但他越来越专注于记录灾害性天气，甚至在龙卷风高发期时从政府的工作中安排了休假以进行龙卷风的研究。

　　与此同时，自 1964 年起就在位于俄克拉荷马州诺曼市的国家强风暴实验室任职的气象学家尼尔·沃德（Neil Ward）利用了近距离观测手段，对雷暴和龙卷风的发展演变提出了新的研究思路，将科学的严谨性带到了追逐风暴的舞台之上。1972 年，俄克拉荷马大学和国家强风暴实验室的研究人员进行了合作，开展了一项"龙卷风拦截计划"，这也是第一次专门为了科学研究而进行的大规模的追风行动。

　　1973 年 5 月 24 日，作为龙卷风主要形成发展及受灾地区，俄克拉荷马州尤宁城收集了大量的观测数据，为研究带有持续旋转上升气流的超级雷暴单体提供了基础，这种雷暴单体具有生成龙卷风和微下击暴流的能力。移动观测组和实验室中的新型实验性多普勒雷达共同提供了第一份有关龙卷风整个生命周期的详细数据。对雷达观测结果进行深入研究后，科学家们发现龙卷风在标志性的漏斗状云接地之前，空中的涡旋结构就已经形成，这表明至少对于某些类型的龙卷风来说，这种新型雷达能够观测到早期的预警信号。

　　多普勒雷达在现代的灾害性风暴的跟踪过程中只是一个普通的工具，而追风者拍摄的风暴的影像在电视和互联网上也司空见惯，但是追风者承受的风险却不为人知。追逐风暴的历史上最沉痛的一天出现在 2013 年，当时一个迅猛发展的龙卷风突然加速并改变了移动方向，最终导致了 3 名俄克拉荷马州的追风者死亡。

（另参见）• 富兰克林追逐旋风（1755 年）• 龙卷风的第一张照片（1884 年）• 飓风猎人（1943 年）

 图为来自美国国家海洋和大气管理局国家强风暴实验室的风暴追逐小组。

窥探危险的下击暴流

藤田哲也是芝加哥大学的一名强风暴研究员，他最知名的工作就是在 1971 年与美国国家强风暴预报中心的艾伦·皮尔森（Allen Pearson）联合制定了龙卷风灾害分级，该分级被称为"藤田级数"。不过这个分级的价值主要体现在风暴过后的灾后分析中，可以帮助灾害应急响应小组和气象学家通过龙卷风造成的损失情况来描述它们的强度。可以说藤田对公益事业做出的巨大贡献源于他持续地进行实地考察和分析，其中大部分工作甚至长期被同行们质疑。他的研究成果揭示了一些潜伏在风暴内部及其周边区域内的致命威胁，即集中的强下沉气流。这些下沉气流足以将一片森林夷为平地，而更为危险的是，它还会威胁到飞机的正常起降。

藤田对这种致命天气现象的探究始于 1975 年 6 月 24 日，那天一架美国东方航空公司的波音 727 飞机在着陆时不幸坠毁在约翰肯尼迪国际机场，随后他被一名调查员征召以调查此次事件。虽然这个地区曾发生过雷暴，但并没有明确迹象表明飞机是在什么外力作用下从空中被撞击下来并导致了 112 名乘客死亡、12 人受伤的灾难性后果的。附近的部分飞行员曾上报了不稳定气流，而其他飞行员则没有提交过相关报告。

灾难现场调查结果的异常使藤田联想到一年前曾观测到的一个超强龙卷风爆发时造成的损毁情况，其中包括被连根拔起的树木留下的如星芒图案般向四周炸裂的形态，这就表明了有集中的垂直方向的风曾冲击地面并向四周扩散。在接下来的两年里，他在麦田和森林区域进行了空中观测，拍摄并描绘了这种破坏模式。1978 年，他将这种新的天气现象命名为下击暴流，对于覆盖范围的直径小于 4 千米的下击暴流，他建议称为微下击暴流。

1978 年 5 月 19 日，藤田和美国国家大气研究中心（NCAR）的研究人员在伊利诺伊州约克维尔附近拍摄到了一副特征显著的微下击暴流的多普勒雷达视图。

 • 最快的阵风（1934 年）• 龙卷风预警的进步（1950 年）

 图为 2016 年 7 月 18 日一架直升机在凤凰城亚利桑那州的上空拍摄到的一个超强的微下击暴流。

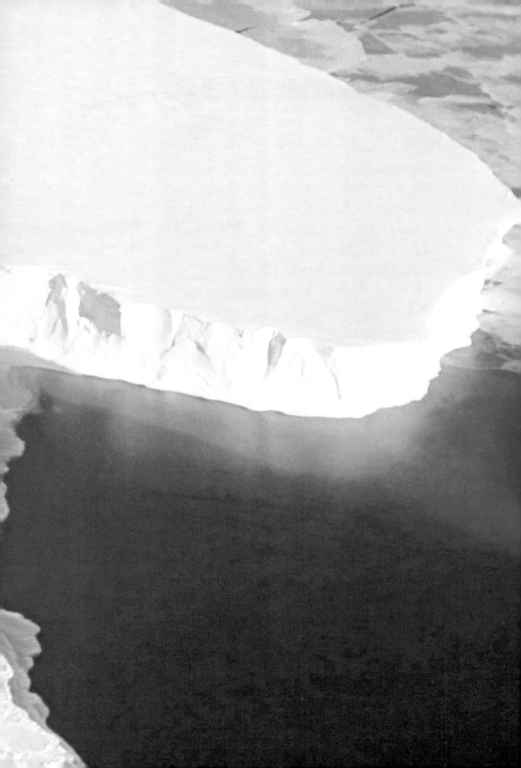

南极冰盖的海平面危机

自 20 世纪后半叶以来，越来越多的证据表明地球气候正在对因人类活动所导致的温室气体浓度持续上升做出响应，这些温室气体生命周期很长，从普遍认可的假设来看，由此导致的极地冰盖融化和海平面上升将会成为现实，虽然其速度可能比较平缓。

此外，潜在的冰层不稳定信号和海平面突然上涨的可能性逐渐开始呈现，特别是在南极西部冰盖的部分地区，这种趋势更加明显。这片区域海底的地形非常有利于温暖的洋流从下方侵蚀这片辽阔的冰川，加速了冰川脱离冰架流入大海的进程。

在《自然》杂志 1978 年刊登的一篇论文中，美国俄亥俄州立大学的冰川学家约翰·默瑟（John H. Mercer）指出人类活动驱动的气候变化与南极西部大量冰盖快速消融的风险之间存在着明确的相关性。他在论文的标题简明扼要地指出了这一点——《南极西部冰盖和二氧化碳温室效应：灾难性的威胁》。

论文的结论也同样态度鲜明："如果全球的化石燃料消耗量继续以目前的速度增长，那么大气中的二氧化碳含量将在大约 50 年内翻一番。气候模型表明，由此产生的温室效应在高纬度地区将尤其明显。计算出的温度上升幅度……南极洲西部冰川可能因此快速消融，导致海平面上升 5 米。"

虽然默瑟长期以来都被视为异类，但是他的观点在最近得到了支持。2014 年的两项独立研究表明，南极西部的"坍塌"现在看来是不可避免的，尽管从时间尺度来看仍需几个世纪，而不是几年或者几十年。当然，南极洲并不是唯一一个足以威胁到沿海城市的水源，格陵兰岛的冰盖看起来虽然要小得多，但其 3 千米高的冰盖的储水量却相当于一个墨西哥湾。

另参见 • 地球上最冷的地方（1983 年）• 冰层与泥土中的气候线索（1993 年）
• 北极海冰消融（2016 年）

图为思韦茨冰川的一部分，摄于 2012 年。这是最先一部分脱离南极西部冰盖流入大海的冰川。

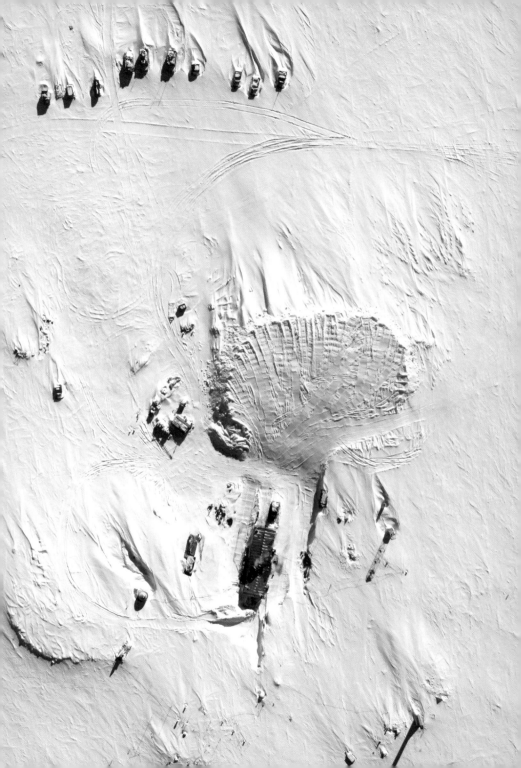

地球上最冷的地方

1983 年 7 月 21 日，位于南极洲东部的俄罗斯沃斯托克研究站的温度计记录到了 −89.2 ℃ 的温度。这是有史以来用温度计测量得到的最低温度，创造了吉尼斯世界纪录，纪录创造者被记载为世界气象组织。低温出现的地点位于辽阔的南极冰盖的中心地带，海拔达到了 3488 米，这里也被通俗地称为"冷极"。

世界上或许还有更加寒冷的地方，2010 年 8 月 10 日，位于科罗拉多州博尔德的美国国家冰雪数据中心（National Snow and Ice Data Center，NSIDC）的研究人员宣布，他们在南极高原东部测量到了令人难以置信的低温：−93.2 ℃。国家冰雪数据中心的研究人员研究了超过三十年的利用遥感卫星数据绘制的全球地表温度图像，意外地发现低温出现的区域位于阿尔戈斯冰穹和富士冰穹之间的高脊区的一处低洼地带。（他们假设越冷的空气密度越大，所以推断最冷的空气出现在最低洼的地区。）

俄罗斯南极科考探险队后勤中心的负责人通过俄罗斯媒体抗议说，仅仅根据卫星数据就宣布这一记录是"完全错误且不切实际的"。无论如何，俄罗斯人确实是有相关协议的支持的。根据国际气象协议，要想打破低温纪录，温度数据必须由温度计测量记录所得。

和地球上最热的地点一样，更值得关注的是出现在人类居住地的气温记录。据美国国家航空航天局（NASA）的记录，地球上最寒冷的永久定居地点位于西伯利亚东北部的维尔霍扬斯克和奥伊米亚康地区，这两个地区分别在 1892 年和 1933 年出现了低至 −67.8 ℃ 的温度。

 另参见 • 平息一场激烈的辩论（2012 年）• 极地涡旋（2014 年）

1983 年，温度计测得的最冷温度在距离南极约 1287 千米处的俄罗斯沃斯托克站被记录下来。

核冬天

随着一场大规模的冷战风暴、环境问题以及气候科学的不断发展等事件在 20 世纪 80 年代初期接连爆发，一种新型的环境威胁带来的不祥征兆逐渐显现，那就是核战争后出现的大火可能引发的"核冬天"现象。

在核战争中烧毁的城市所产生的大量浓烟进入云层会导致地球温度下降，进而引发饥荒甚至更严重的灾难。这个概念是在两位气象学家保罗·J. 克鲁岑（Paul J. Crutzen）和约翰·W. 伯克斯（John W. Birks）于 1982 年发表论文《核战争后的大气层：昏暗的正午》（*The Atmosphere After a Nuclear War: Twilight at Noon*）后，经过了一系列早期论文发展而来的。克鲁岑在 20 世纪 70 年代早期因为发现了可能导致地球臭氧保护层削弱的化学反应而声名鹊起，这也使他与其他科学家共同获得了 1995 年的诺贝尔化学奖。

但"核冬天"的假说在卡尔·萨根（Carl Sagan）与其他四位作者于 1983 年 12 月 23 日共同在《科学》杂志发表了论文《核冬天：大量核爆炸带来的全球性危害》（*Nuclear Winter: Global Consequences of Multiple Nuclear Explosions*）后才获得了广泛的关注。萨根还曾和他的苏联同行弗拉基米尔·亚历山德罗夫（Vladimir Alexandrov）在梵蒂冈出席了一系列活动，试图寻求禁止核武器的途径。

在更深入的科学研究下，最初描述的世界末日的剧情似乎变得有些微妙，另一位著名的气候科学家斯蒂芬·H. 施奈德（Stephen H. Schneider）则更倾向于出现"核秋天"。不过后来随着苏联解体，核战争的威胁也逐渐消退了。

但是在最近，由艾伦·罗博克（Alan Robock）和在 1983 年与卡尔·萨根共同完成论文的作者之一欧文·布莱恩·图恩（Owen Brian Toon）一起进行的气候模拟指出，即使是一场很小规模的核战，也会给气候带来十年的毁灭性的破坏，因为核爆炸及燃烧产生的烟尘可以抬升至 40 千米的高空中，而在这种高度下，烟尘很难被降水迅速冲刷掉。

 俄罗斯的"冬将军"（1941 年）• 设计气候?（2006 年）

 在 20 世纪 80 年代初期，科学家们通过计算指出，核爆炸引发的成百上千处的火灾会将黑色的烟尘抬升至云层并遮挡阳光，从而使地球温度下降，陷入"核冬天"。1991 年，当萨达姆·侯赛因（Saddam Hussein）点燃了科威特的油井时，科学家们在不断扩散的黑色云层下确实测量到了局部的降温，不过浓烟并没有上升到足够的高度而产生更大范围的影响。

厄尔尼诺的预测

在这个星球上，还没有像厄尔尼诺—南方涛动一样影响广泛的周期性天气事件。这是一种太平洋海温异常增暖现象，其影响有好也有坏，它会遏制大西洋飓风的生成，也会引发印度尼西亚森林大火，会导致某些地区干旱和暴雨的天气形势发生转换，也会导致珊瑚礁出现白化现象等。

"厄尔尼诺"这个名字源于西班牙语，原意为"圣婴"。在 19 世纪后期，秘鲁地理学家用其来描述一支温暖的"厄尔尼诺逆流"，沿海捕捞的渔民发现这支暖流虽然出现频率很低，但是一旦出现就会严重破坏鲱鱼的捕捞活动（由于此类情况往往出现在圣诞节前后，因此被称为"圣婴"）。科学家们花费了几十年研究其中的影响因子，发现此现象存在于全球范围内，进而建立了模型以便做出有用的预报。第一个被发现的影响因子是太平洋和印度洋气压之间存在"跷跷板"式的周期性变化关系，这是 1923 年由数学家吉尔伯特·沃克（Gilbert Walker）在对全球天气数据进行统计研究时发现的，当时他正在试图寻找可以解释个别年份南亚季风降雨未能正常出现的气象模型。

1969 年，加利福尼亚大学洛杉矶分校的雅各布·皮叶克尼斯（Jacob Bjerknes）将气压的周期性变化与热带太平洋海温的冷暖变化建立了联系。1985 年，另外两位科学家普林斯顿大学的乔治·菲兰德（George Philander）和哥伦比亚大学的马克·凯恩（Mark Cane）的研究显示，热带风和洋流有时会出现自我增强的机制，进而导致海表温度变暖或变冷，其中变冷的情况被菲兰德称为拉尼娜现象，意为"小女孩"。

同年，凯恩和他的学生史蒂芬·泽比亚克（Stephen Zebiak）开发了一种将海洋和大气数据进行耦合的预报模式，在 1986 年 6 月发表的一篇文章中，他们成功预测了厄尔尼诺现象。从那以后，许多其他的模型陆续被开发出来。尽管这一现象出现的周期时常令专家感到困扰，但是普通民众现在已经有充分的时间来应对这种具有破坏性的天气了。

另参见 • 追踪海洋对气候的影响（2007 年）• 珊瑚礁遭受高温侵袭（2017 年）

1997 年和 1998 年，热带太平洋地区出现了异常强烈的厄尔尼诺现象，造成了广泛的影响，其中就包括在 1998 年 3 月袭击加利福尼亚州俄罗斯河沿岸的特大洪水。

全球变暖成为头条新闻

从 19 世纪后期开始，在瑞典科学家斯万特·阿伦尼乌斯及后续研究者研究成果的推动下，关于燃料燃烧释放的二氧化碳会导致地球气候变暖这一基本假设的新闻报道开始零星地出现。其中一篇 1912 年的报道，最初刊登在美国杂志《大众机械》（*Popular Mechanics*）上，后来被远在澳大利亚的报纸重新发表，文章可以简要概括为以下内容：

> 世界各地的熔炉现在每年燃烧约 20 亿吨（确切数值为 18.14 亿吨）煤炭。煤炭燃烧时会与氧气结合生成二氧化碳，每年大气中的二氧化碳含量增加约 70 亿吨（确切数值为 63.5 亿吨）。这使得大气就像是给地球盖了一层厚厚的毯子，导致地球温度逐渐上升。几个世纪后，这种影响可能会相当明显。

当然，受人口增长、交通运输、工业生产和电力消耗等方面的影响，人们对煤炭的需求激增，同时石油和天然气的消耗量也在上涨，二氧化碳的实际排放速度远远超过了早期的预测。特别是从 20 世纪 50 年代后期开始，科学界在不断地完善和修订持续增长的人类活动对气候的影响结果。

1988 年，当全球的目光都聚焦在森林砍伐、酸雨以及某些有机合成的化学物质对臭氧层的破坏等问题上时，全球变暖却突然从一篇晦涩难懂的新闻报道变成了头条新闻。当年 6 月 23 日，美国国家航空航天局的气候科学家詹姆斯·汉森（James Hansen）告知美国参议院其中一个委员会称，人类活动产生的温室气体正在导致气温显著上升。

汉森走在了大多数同行的前面，不过与此同时在自然界中也出现了许多线索，包括创纪录的北美热浪和黄石国家公园出现的野火。

那年夏天，科学家和外交官们齐聚加拿大，参加"多伦多气候变化大会"，并建议减少全球温室气体排放。同年，联合国政府间气候变化专门委员会在联合国的主持下成立，其职责为就气候风险和应对措施向世界各国提供建议。

• 煤炭、二氧化碳和气候（1896 年）• 总统发出的气候警告（1965 年）
• 从里约到巴黎的气候外交（2015 年）

在创纪录的高温、亚马孙热带雨林和黄石国家公园的火灾（见图）陆续成为头条新闻后，全球变暖在 1988 年首次成为一个新闻大事件。

———— "精灵闪电" 的存在证据 ————

1973 年，美国空军飞行员罗纳德·威廉姆斯（Ronald Williams）正驾驶飞机掠过台风，当他靠近这个巨型风暴中心附近的雷暴云团时，他看到一道闪电般的东西从云层顶部向上延伸。当威廉姆斯汇报他所发现的情况时，却被告知闪电不会向上延伸，因为它必须依靠某种导体进行放电。然而在 20 世纪，高空飞行的空军飞行员和民航飞行员都多次报告过这种现象。

直到 1989 年，在一个偶然的机会下获取到的一幅图像才为这种现象的存在提供了真实可见的证据。明尼苏达大学的物理学家约翰·温克勒（John Winckler）与他的研究小组在测试一台微光摄像机时，意外地捕捉到了一副黑白图像，图中可以看到因为放电现象而产生的向上的条纹。"精灵"这个名字是在 20 世纪 90 年代中期由阿拉斯加大学地球物理研究所研究小组的负责人戴维斯·森特曼（Davis Sentman）提出的，该团队曾利用两架美国国家航空航天局的高空观测飞机在美国中西部成功拍摄到了雷暴。

闪电是一种云层中负电荷产生的强烈的放电现象，同时伴随着高温。而精灵闪电则由云层中的正电荷引发，发出的光类似于荧光灯泡中的冷光。精灵闪电中的电荷强度超过了普通闪电的十倍，这足以让世界各地都观测到精灵闪电释放的能量所发出的耀眼光芒。

科学家们根据大小和形状定义了三种精灵闪电：水母精灵，这种精灵的长度可以超过 900 英里；柱状精灵，这种精灵可以在大范围内进行放电；胡萝卜精灵，这种精灵会呈现伴有带电卷须的垂直红色柱状轮廓。

国际空间站上的宇航员曾拍摄下精灵闪电最为生动精细的照片，从照片中看到有些精灵闪电距离地球表面可达 97 千米的高度，这已经进入了电离层的高度。

另参见 • 解密彩虹（1637 年）• 极端闪电（2016 年）

2013 年，阿拉斯加费尔班克斯大学的研究人员从高空飞行的科研用喷气飞机上拍摄下了这张令人难以理解的放电现象的照片，这种现象被称为精灵闪电。

─── 冰层与泥土中的气候线索 ───

在 20 世纪，人们从冰川冰和海底沉积的泥土中发现了证实冰期和温暖期交替循环出现的关键证据，从中获取到的一条重要信息就是海底不同层次的沉积物中微量氧同位素的变化，这实际反映了气温的历史变化。1976 年，三位科学家对这些存留在海底长达 45 万年历史的信息做出了具有里程碑意义的分析结论，文章标题为《变化中的地球轨道：冰河时代的心脏起搏器》（*Variations in the Earth's Orbit: Pacemaker of the Ice Ages*），这篇文章的结论也支持了米卢廷·米兰科维奇（Milutin Milanković）早在 50 年前就得出的研究结果。

例如来自格陵兰岛和南极大陆的冰芯，其中储存着古代空气的冰芯气泡可以提供不同历史时期二氧化碳和甲烷等温室气体的浓度变化信息，此外还包括火山灰、森林火灾产生的烟尘和其他可以揭示不同时期环境变化的各类指标，可以说冰芯里充满了无价的宝藏。

1993 年，科学家们在对冰芯记录下的信息进行分析时获得了突破性的进展，他们发现剧烈的气候突变已经出现，同时他们认为这一突变可能由海洋环流的变化所驱动。格陵兰岛冰芯研究计划的负责人理查德·B. 阿利（Richard B. Alley）对他所洞悉的情况作出了如下描述：

> 气温的上升或者下降有时候会越过某些阈值，从而或是改变海洋环流，或是决定北大西洋海域在冬季到底是开阔无冰的水域还是布满了远低于冰点的海冰。这些国家之间的局地气候变化有时就发生在短短几年间而非长达几十年，但其影响却会蔓延到全球。虽然我们仍然相信在短期内气候变暖并不会引发类似格陵兰岛的海冰被快速融化进而诱发全球气候变化，但是从历史的气候演变中也可以清晰看到，二氧化碳浓度升高将会在很大程度上影响气候和生物，而在全球变暖的过程中甚至可能造成其他更大、更具有破坏力的事件。

许多风险管理专家指出，气候突变的证据真实存在，而大家对其却知之甚少，因此采取手段控制温室气体排放是势在必行的。

 • 地球轨道与冰河时代（1912 年）• 气候模式逐渐成熟（1967 年）

 位于科罗拉多州莱克伍德的美国国家冰芯实验室中储存了数百个存有气候线索的古代冰块。

气象灾害中的人为因素

2005 年大西洋飓风季是有史以来最活跃的大西洋飓风季，屡次打破此前的纪录，其中卡特里娜飓风对新奥尔良造成的毁灭性灾害成为关注的焦点，由此引发的气候学家们对于全球变暖到底能在多大、多快程度上影响这些风暴的争论也愈演愈烈。此外，随着自然灾害逐渐被政治化，飓风也成为环境政治中的象征。

然而在争论中人们却没有意识到一个令人不安的现实：无论气候是否变暖，沿海地区快速且无规划的填海造陆工程都增加了风暴的威胁程度。2006 年 7 月 25 日，多名飓风研究人员向媒体和公众发表了一份联合声明。这份声明由以下人员联合签署：克里·伊曼纽尔（Kerry Emanuel）、理查德·恩西斯（Richard Anthes）、朱迪思·库里（Judith Curry）、詹姆斯·埃尔斯纳（James Elsner）、格雷格·霍兰（Greg Holland）、菲尔·克洛茨巴赫（Phil Klotzbach）、汤姆·克努森（Tom Knutson）、克里斯·兰德西（Chris Landsea）、马克斯·梅菲尔德（Max Mayfield）和彼得·韦伯斯特（Peter Webster）。他们集中阐述了如下观点：

> 虽然关于这个问题的讨论引起了科学界跟社会广泛的兴趣和关注，但是无论如何我们都不能忽视美国在飓风问题上所面临的主要问题，即在脆弱的海岸线上日益增加的人口和财产密度。在这种人口增长的趋势下，尤其是处于这个飓风活动越来越活跃的时代，我们在面临飓风灾害时所遭受的人员伤亡和经济损失正在迅速增长。在气候变化引起重视之前，就已经有很多科学家和工程师警告过新奥尔良市存在这一威胁。即使在稳定的气候条件下，类似卡特里娜或者更严重的飓风，无论在过去或现在都是不可避免的……因此我们呼吁，政府和工业界的领导人对目前正在使用的建筑以及正在施行的包括保险、土地使用及救灾政策等问题进行综合评估，来增强我们面对飓风时那脆弱不堪的抗灾能力。

2017 年 8 月，飓风"哈维"带来了创纪录的降雨，引发了休斯敦及其周边地区的洪水，再次引发了对于这一问题的呼吁。

（另参见）• 一场强大的风暴（1900 年）•"中国的悲伤"（1931 年）• 飓风猎人（1943 年）

2006 年，共有十位飓风研究人员对快速发展的沿海地区发出警告，称目前这种情况将极大地增加风暴来临时的致灾风险。美国国民警卫队一架直升机拍摄的这张照片展示了 2012 年飓风"桑迪"席卷新泽西州后的景象。

设计气候？

090

尽管一代又一代人都曾努力尝试改变天气，但结果总不尽如人意。20 世纪中期之后，科学家们开始思考通过何种途径来影响天气系统本身，这种方法也就是目前广为人知的新兴领域——地球工程。2015 年美国国家科学院在一份报告中将诸如此类的措施称之为"气候干预"。

随着人们提出了各种各样应对气候变暖的方法，争论也随之而来。历史学家詹姆斯·罗杰·弗莱明（James Rodger Fleming）的记载提到，早在 1962 年美国气象局的研究部主任哈利·韦克斯勒（Harry Wexler）就发出了警告"大多数提出的方案都需要庞大且复杂的工程技术支撑，并且有可能对于我们这个星球造成不可逆的伤害，或者带来的副作用会抵消可能存在的短期利益"。

2006 年《气候变化》（*Climatic Change*）杂志刊登了一篇由保罗·J. 克鲁岑（Paul J. Crutzen）撰写的文章，文章对这一研究领域表示了支持，自此之后这一研究领域获得了更广泛的关注。作者克鲁岑曾在 1995 年与马里奥·J. 莫利纳（Mario J. Molina）和 F. 舍伍德·罗兰（F. Sherwood Rowland）因从事识别地球臭氧保护层所遭受的化学威胁的相关研究而共同被授予诺贝尔奖。在文章中，他悲观地指出减少温室气体排放看起来只能是一个"美好的愿望"，他认为应该在如何降低气温的问题上多做研究。

而对于人们不希望看到的气候变暖问题，目前有两种主要的探究方向。一种方法被称为"太阳辐射管理"，主要是通过向大气中添加悬浮颗粒物，其效果就像大型火山喷发时喷射到高空的火山灰或者某些空气污染物一样改变地球的反照率（或反射率）。另一种方法是通过捕获大气以及烟囱排放物中的二氧化碳并将其存储在地底，或分解二氧化碳分子，将其中的碳元素固定在稳定的物质中。在某些研究中，研究者使用铁粉喂养了一些海洋浮游生物，这些生物可以将碳元素储存在海底。不过这些做法总是伴随着技术、伦理以及外交等一系列问题，也许最大的问题应该是二氧化碳那每年高达数百亿吨的巨大排放量本身。

 另参见 · 造雨师（1946 年）· 总统发出的气候警告（1965 年）· 冰河时代的终结（102018 年）

一些科学家提出了实验性的方法，试图创造一层遮光薄雾以抵御大气中的温室气体积聚导致的全球变暖问题。图为位于德国上空的飞机进行试验后留下的凝结尾迹。

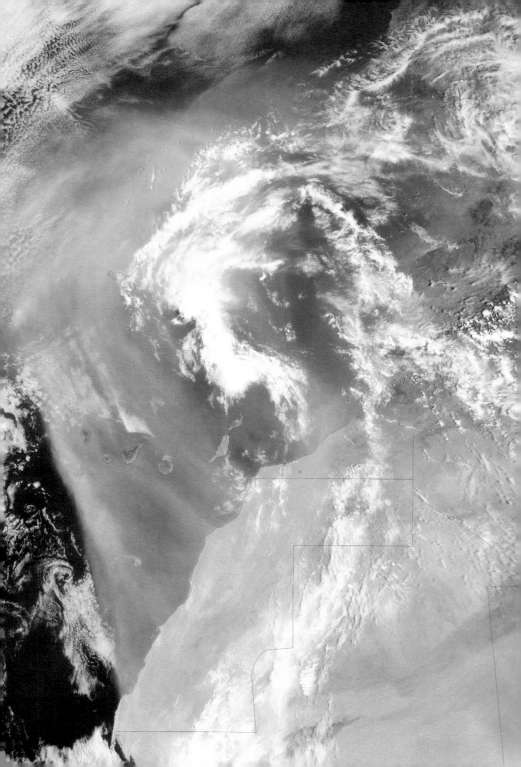

远距输送的尘埃

可能没有任何一个单一的例子能像撒哈拉沙漠的沙尘暴那样可以清晰地展示出地球上的动态大气、地貌景观和生态系统之间强大的内在联系了。它具有跨越海洋的影响力，从飓风到巴西的热带雨林，再到巴哈马的海滩，它的影响几乎无处不在。

21 世纪初的各种研究显示，大气中干燥且充满尘埃的"撒哈拉空气层"具有遏制飓风生成的能力，但在某些特定季节诊断热带风暴威胁的时候，它的存在又给其他影响因子带来了新的变数。（举一个类似的例子，太平洋厄尔尼诺现象导致的气温升高在改变了大气环流的同时，也削弱了大西洋飓风。）

与此同时，网格化卫星监测和对热带雨林生态系统的研究结果表明，来自撒哈拉沙漠那富含养分的尘埃在亚马孙雨林的生长过程中起到了施肥的作用。2006 年，以色列魏茨曼科学研究所的科学家们进行了一项著名的研究，据他们估计，每年 4000 万吨来自北非的尘埃沉降在亚马孙地区，其中超过一半的尘埃都来自乍得北部一个常年暴露在强风下的地区，这个地区名为博德莱洼地。这是一个历史悠久的干湖床，其两侧均为玄武岩山脊，使得这里成为一个天然风洞。

但是这些来自北非的尘埃对更远一些的北部地区却产生了截然不同的作用。2014 年，迈阿密大学的研究人员对从巴哈马群岛那遍布浅白色石灰岩的海岸上获取的 270 个样本进行了铁和锰的含量分析，结果表明，来自撒哈拉沙漠的尘埃为该海岸蓝藻细菌的光合作用提供了充足的养分，而这些细菌通过沉积演化又为这些岛屿的形成奠定了基础。

2016 年，另一批研究人员在分析来自巴哈马群岛的岩芯时发现，这些富含养分的尘埃流在过去不同的时间点差别巨大。在 2.3 万年前最后一个冰河时代的后期，巴哈马群岛周围尘埃的沉降量是如今的两倍，但是从 1.1 万年前到 5000 年前这段时间内，这些空气层所挟带的尘埃量只有如今的一半。

• 北非干旱与法老崛起（公元前 5300 年）• 黑色风暴事件（1935 年）
• 厄尔尼诺的预测（1986 年）

2012 年的一幅图像显示，撒哈拉沙漠的尘埃越过大西洋并向西扩散。这些挟带了尘埃的空气层甚至可以影响到远达亚马孙雨林这样的区域。

追踪海洋对气候的影响

海洋覆盖了地球表面 2/3 的面积，不仅在塑造全球及区域气候方面发挥了重要的作用，还存储并输送了大量的太阳能。此外，空气中的水汽有近 90% 都来自海洋的蒸发，蒸发量决定了空气湿度，并最终形成了云和降水。

然而，尽管海洋如此重要，但直到最近，海洋的观测数据仍然是一片空白。在整个 20 世纪，遍布全球的数千个综合地面气象观测站以及一系列卫星的发射，都极大地促进了我们对天气和气候的理解。但是，扮演着重要角色的洋流运动却只能在将由船只、浮标和潜艇等途径获取的大量前后矛盾的观测数据进行筛查后才能估算。

1999 年，事情迎来了转机，科学家们成功说服了数十个国家为 "Argo" [1] 计划做出必要的贡献。Argo 计划是一个国际共享的观测系统，可以用于跟踪海洋的温度、盐度和洋流运动等情况，这些数据对于改善从全球变暖模型到厄尔尼诺现象再到飓风预报等各种问题都至关重要。

2007 年 11 月，Argo 计划全面启动。这是一个由近 4000 个遍布海洋各处的全自主海洋浮标组成的观测网，它们漂浮在距海洋表面 805 米深的位置，开始观测后每十天会下降到 1.9 千米深的位置一次，随后再上浮至海洋表面，在此往复过程中进行温度和盐度的垂直剖面观测数值收集并通过卫星进行数据传输。

每年都有数百篇基于 Argo 观测数据的研究论文发表。除此之外，该观测系统还在 2017 年澄清了一个事实，就是气候变暖并不像某些零星的迹象暗示的那样在 21 世纪初就意外地暂停了。虽然在此之前关于全球变暖的相关政策的政治辩论暂时都集中在到底是 "暂停" 还是 "中断" 的问题上，但现在人们已经普遍认为这种变化是大气温度在漫长的变暖趋势中的出现的其中一次波动。

你可以在 Argo 网站 *argo.ucsd.edu* [2] 了解到更多关于 Argo 计划的内容，该网站由斯克里普斯海洋研究所（Scripps Institution of Oceanography）维护，该研究所还负责该观测系统大部分的后台技术支持工作。

1　Argo 为 Array for Real-time Geostrophic Oceanography 的缩写，即地转海洋学实时观测阵。——译者注
2　中国 Argo 网站为 argo.org.cn。——译者注

• 探空气球首次升空（1783 年）• 气象学变得更有价值（1870 年）
• 从卫星轨道观察天气（1960 年）

这是一台通过铱卫星进行数据传输的 Arvor 型深海数据采集浮标，是分布在世界海洋各处数千台此类设备中的一台，它可为 Argo 系统进行深层海洋观测。

科学探讨政治气候

从 21 世纪初期开始，世界各地都加强了对温室气体排放的管控力度。但与此同时，这些管控举措实际上却加剧了人们面对此问题时的两极分化。心理学家和社会科学家开始研究导致这种麻木不仁又两极分化的矛盾心理的原因。在其演变过程中，气候变化的大部分信息已经被气候系统的自然变率所掩盖，而且并不适合人类的人性，比如其中就包括行为科学家所谓的"担忧有限"原理，也就是说气候问题无法与账单、孩子、健康状况等问题相提并论。

2012 年，耶鲁大学法学和心理学教授丹·卡亨（Dan Kahan）发表在《自然气候变化》（*Nature Climate Change*）杂志上的最新研究结果令人大开眼界。他描述了一种他称之为文化认知的特征模式，即对某些人来说，相比于接受与自己身份冲突的事实，他会更倾向于保持自身的文化认知。此次研究与随后的各项研究均使用了调查问卷与实验相结合的方法，来揭示人们的基本科学知识储备、世界观（世界观的测试从本质上讲就是测试你是一个"团队合作者"还是一个"孤独者"以及其他的一些特征）以及对信息的反应。研究表明，对气候科学基础知识理解最为深刻的群体竟然是关注气候变化的人群中最极端的两个群体，也就是对气候变化最忧心忡忡的人和最漠不关心的人。

在同年晚些时候发表在《自然》杂志上的一篇评论文章中，卡亨举了一个例子："具有不同价值观的个体在面对相同的事实时会得出不同的推论。比如，在向人们介绍一位具有博士学位的美国国家科学院的科学家时，他们并不会真正认可这是一位专家，而是否认可则取决于这位科学家的观点是否符合他们所在的文化群体中的主流观点。"

据卡亨说，这些发人深省的研究结果并没有让整件事走进死胡同。他曾与一些政治上互相存在分歧的团体在高温且洪水多发的佛罗里达州东南部地区一起工作，这些团体已经找到了一些方法来推行可以提高应对极端天气能力或者开发清洁能源的政策。

另参见 • 全球变暖成为头条新闻（1988 年）• 从里约到巴黎的气候外交（2015 年）

图为 2009 年哥本哈根气候协议谈判时出现的抗议标语。行为科学家发现，那些坚定于各自不同政治立场的人们虽然都对气候科学的理解比较透彻，但他们对气候变化风险的看法截然不同。

平息一场激烈的辩论

2010 年初，《极端天气：指南与记录》（*Extreme Weather: A Guide and Record Book*）一书的作者克里斯多夫·伯特（Christopher Burt）收到了一封充满挑衅的电子邮件，电子邮件中对伯特书中提到的最高观测温度 58℃ 的记录提出了质疑。该温度记录于 1922 年 9 月 13 日埃尔阿兹兹亚地区周边的一个意大利边境贸易站，现为利比亚的一个贸易站。在电子邮件中，温度测量方面的权威专家马克西米利亚诺·埃雷拉（Maximiliano Herrera）将埃尔阿兹兹亚的温度记录称为"垃圾记录"。

针对这个问题，人们随后展开了广泛的讨论。伯特也与利比亚国家气象中心的气候部门主任哈立德·易卜拉欣·法德利（Khalid Ibrahim El Fadli）取得了联系。伯特在接受关于这本书的采访时回忆道："我问：'这是你的国家，你的数据，你能确定这个数据准确无误吗？'"伯特得到的答案是否定的。

法德利随后开始查阅原始记录文件进行确认工作。那年秋天，伯特为 *Weather Underground* 网站撰写了一篇文章，对这一记录提出质疑。世界气象组织随后召集了一个小组，成员包括法德利、伯特和其他一些专家。在法德利发现的日志文件中，一系列问题最终浮出水面，包括操作要求烦琐苛刻的温度计的使用，以及出现这个可疑读数的站点在读取到这个较其他站点异常偏高的读数前曾出现过人事变动。

2012 年 9 月，世界气象组织将观测到的最高温度纪录变更为 1913 年出现在死亡之谷的观测数据。但是这件事并没有完全结束，伯特和其他专家称，死亡之谷的观测记录基本上也可以确定是无效的。根据伯特的说法，从观测数据的连续性来看，这个结论显而易见。

不过，北非和中东最近的研究结果也清楚地表明，如果温室气体导致的气候变暖持续下去的话，那些现在看起来创纪录的高温，到了本世纪晚期将变得稀松平常。

 • 干谷探险（1903 年）• 地球上最冷的地方（1983 年）

 这是一张拍摄于加利福尼亚死亡之谷但丁观景点的照片。2012 年，世界气象组织将世界最高温度纪录由 1922 年北非的观测数据变更为 1913 年死亡之谷的观测数据。

极地涡旋

2014 年 1 月 7 日，星期二，在这一天美国境内有 50 个气象站观测到了创纪录的低温。从蒙大拿州到纽约市，再到俄克拉荷马州和亚拉巴马州，大部分地区都出现了低于零度的气温记录。凛冽的寒风席卷了整个中西部地区，让人感觉仿佛处于零下 40 摄氏度的低温之中。新闻播报员们兴奋地指着天气图宣布，极地涡旋（极地涡旋是环绕北极的逆时针运动的高空风带）的崩溃是造成这一次强降温的原因。从天气图上也可以看到急流区出现了明显的波动，用蓝色标示的温度低于 0℃ 的区域也在逐渐扩大。

从那以后，几乎每次有类似的北极冷空气爆发并向南席卷欧洲或者北美地区时，极地涡旋崩溃这个词就会出现在公众的视野里。在这些冷空气爆发事件中大多同时伴随着暖空气涌入北极地区的情况。气象学家杰夫·马斯特斯（Jeff Masters）解释说，极地涡旋本来就不是什么新鲜玩意，这个冬天恐怕是要努力平息这些铺天盖地又危言耸听的新闻标题所带来的恐慌了。

他写道："只要地球上还有天气，这种大气现象就可能一直存在。"此外他还指出，"极地涡旋崩溃"这个短语至少早在 1939 年的一项研究之后就开始出现在科学论文中了。当时这项研究的负责人是瑞典气象学家卡尔-古斯塔夫·阿维德·罗斯贝（Carl-Gustaf Arvid Rossby），他毕生的研究成果大大改进了人们对大气大尺度环流模式的理解。

最近的一些研究表明，这种冷空气爆发事件，甚至极端冬季风暴的天气形势都可能与人类活动导致的气候变化有关，比如近年来北冰洋海冰的减少可能就是原因之一。

但大多数科学家在探查了北半球天气模式与气候变化之间的联系后表示，考虑到影响北极及其周边地区天气的前因后果都极为复杂，加上使用卫星和其他遥感手段进行精确观测的时间仅仅几十年，目前想要得出明确的结论还为时过早。

 • 白色飓风（1888 年）•"蓝色超强寒潮"（1911 年）• 地球上最冷的地方（1983 年）

 从这张 2016 年 2 月 14 日拍摄于国际空间站的照片中可以看到，一道强大的冷锋正由美国东北部地区向前推进。

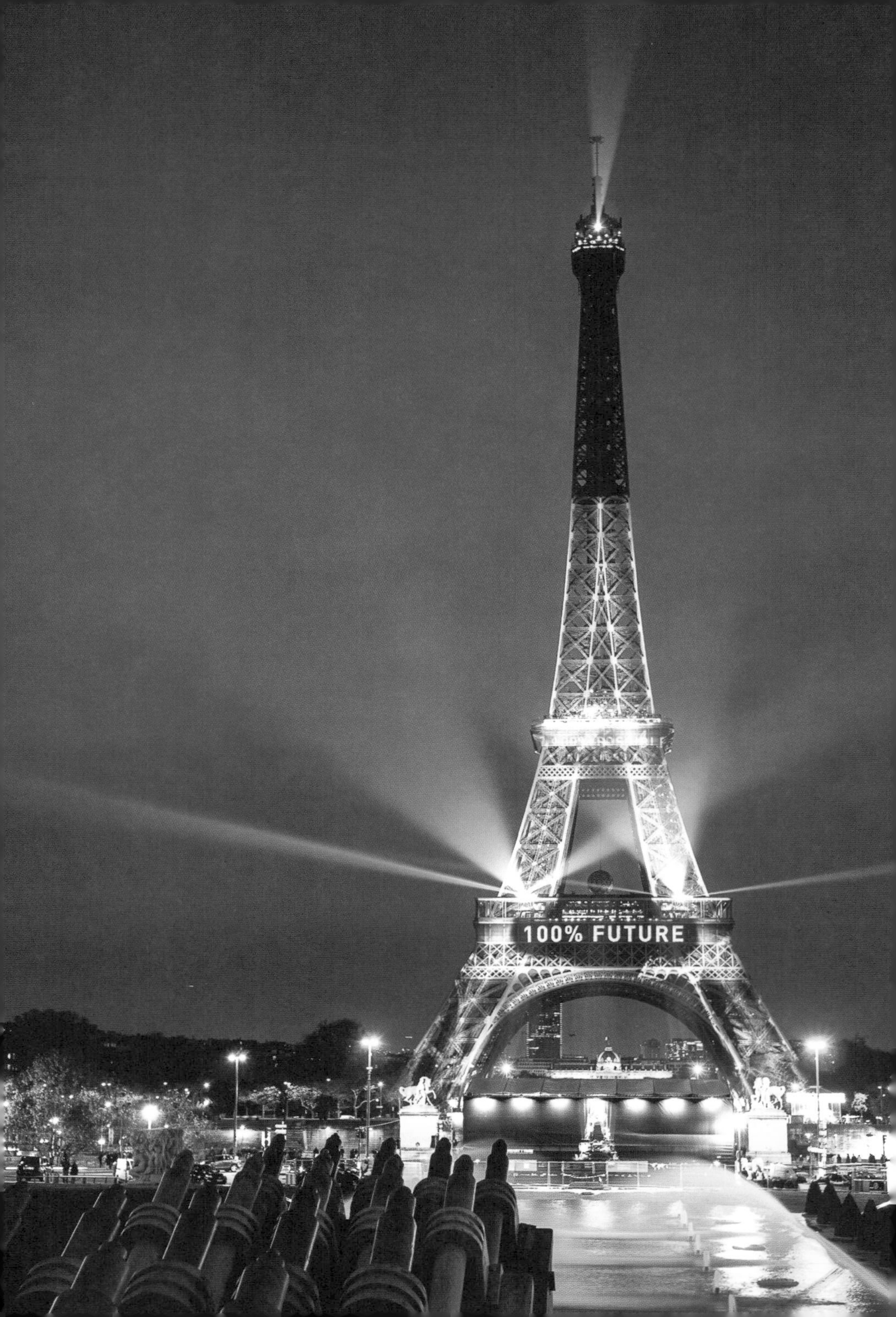
100% FUTURE

── 从里约热内卢到巴黎的气候外交 ──

2015 年 12 月 12 日，随着一声锤响，来自 195 个国家的官员在巴黎举行的会议中通过了第一份国际性气候协议。在这份协议中，几乎所有的国家，无论是强国弱国还是大国小国，都承诺将采取适当措施减少温室气体的排放以规避人类活动所导致的全球变暖可能带来的风险。

尽管消息听起来令人振奋，新闻头条也铺天盖地，但最终达成的《巴黎协定》的影响还是具有局限性，因为它的条款中只包含自愿减排措施以及发达国家为发展中国家提供资金支持及清洁能源项目的技术支持。2017 年 6 月，当美国总统特朗普宣布美国退出此协定后，这种自愿奉献的动力似乎有所减弱。但这一过程本身就需要多年的时间，特朗普的所作所为看起来也是在对冲风险，并且他也暗示可能重新进行谈判。

然而，把重心放在《巴黎协定》或者任何特定国家以及政客的决定上，孤注一掷地将这些视为减缓全球变暖的关键手段的话，反而会忽略一些重要的现实情况。

1992 年举行于巴西里约热内卢的地球峰会上，196 个国家共同通过了最初的同时也是缺乏法律约束力的关于全球气候变暖的条约，即《联合国气候变化框架公约》。该公约由共和党人乔治·H. W. 布什（George H. W. Bush）总统签署，并于同年晚些时候获得美国参议院批准，此外，这份公约还得到了包括比尔·克林顿（Bill Clinton）、乔治·W. 布什（George W. Bush）和巴拉克·奥巴马（Barack Obama）在内的连续三任总统的支持。《巴黎协定》只是起始于这 1992 年的持续而又漫长的过程中的一步。

当涉及能源和经济问题时，外交和政治更多的是反映而不是决定国家和人民选择做什么。煤炭和石油等燃料的使用，虽然是二氧化碳的主要来源，但在未来几十年里仍将是全球能源结构的一部分。但是，技术进步已经为我们开辟了新的清洁能源的储备，削减了可再生能源的成本，并提供了新的核电站的设计思路，通过持续性的投资和不断地努力，这些进步可能标志着人类与地球气候的关系将向着更加可持续发展的方向转变。

 • 总统发出的气候警告（1965 年）• 全球变暖成为头条新闻（1988 年）

2015 年《巴黎协定》是第一个气候协议，在协议中发达国家和发展中国家都承诺减少温室气体的排放。

北极海冰消融

在地球历史的长河中，北极及其周边的气候和冰雪状况经历了深远的变化。2004 年北极的海底钻探计划揭晓了大约 5500 万年前这里的真实情况，当时由于温室气体含量急剧增加，全球气候处于高温的峰值时期，北极地区海洋表面温度接近热带地区，达到了 23.3 ℃。到了大约 4900 万年前，北极地区的水域基本被浮萍所覆盖，但同样的研究发现，到了 1500 万年前至今这段时期里，该地区则一直被一层厚厚的海冰覆盖。

事情似乎再次发生了戏剧性的变化，虽然北冰洋仍然在每个被黑暗笼罩的寒冷冬季变成冰天雪地，但海冰却在近几个夏季消融了很多，以至于在那些 200 年前无法通行的区域内，航运现在也逐渐变得常见。

自 1979 年以来，随着卫星开始在更多开放水域进行观测，人们做出了一个推断，即在 21 世纪后期某个时段的夏季末，北冰洋的海冰将基本消融殆尽。不过，在此过程中还可能出现很多变化。

2016 年，在一项充满开创性的研究中，研究人员将一系列古老又零散的记录进行了筛选，这其中甚至包括了捕鲸船日志和苏联的冰层调查报告，随后编制了一份可追溯至 1850 年的海冰年表。其中一位作者弗洛伦斯·费特勒（Florence Fetterer）将这些研究成果简明扼要地进行了总结：

> 首先，在过去的 150 年里，海冰所覆盖的区域和近年来的一样小，没有任何研究意义。其次，近年来海冰消融的速度之快恐怕在整个历史记录中也是前所未有的。最后，海冰覆盖范围在几十年内的自然波动通常来讲小于年际间的变化。

越来越多的研究指出，人类活动产生的温室气体的积累是北极变暖的主要原因，上述研究也为这一观点提供了有力证据。

另参见 • 严寒使北极探险家难逃厄运（1845 年）• 南极冰盖的海平面危机（1978 年）

科学家们在 2016 年发表了一项研究成果，他们通过筛查包括捕鲸船日志在内的大量历史记录，证实了近年来夏季北极海冰消融速度之快是一种异常情况。这幅 1871 的图像描绘了大西洋和白令海峡的捕鲸活动。

极端闪电

卫星的日常观测记录显示，闪电其实每时每刻都在袭击着地球上的某个地区，不过只有一个地区被公认为世界上的"闪电之都"。直到最近，非洲的刚果盆地还一直保持着这个称号，然而 2016 年美国国家航空航天局的科学家们对卫星观测记录中近十六年闪电活动的详细数据进行了分析，结果发现委内瑞拉西北部的马拉开波湖（Lake Maracaibo）成为新的纪录保持者。马拉开波湖是南美洲最大的湖泊，南部被马蹄形的山脉所环绕，山脉阻挡了从加勒比海向北运动的温暖又潮湿的信风，当暖湿的信风与来自安第斯山脉的冷空气汇合时，便会形成发展强盛的积雨云团。这种持续的状况导致该地区平均每年会发生 297 次夜间雷暴，其中以 9 月份最为频繁。马拉开波湖的这种景象非常壮观，以致附近的一个营地专门从事闪电相关的旅游项目。

2010 年，可能由于厄尔尼诺现象引发的严重干旱，几个月来一次闪电现象都没有出现过，当地人都感到非常震惊，因为这应该是近一个世纪以来两次闪电之间间隔时间最长的一次。不过这种担心并没持续太久，闪电就再次出现了。

在雨季的鼎盛时期，这里平均每分钟会出现 28 次闪电。用于监测的仪器是卫星闪电传感器，由位于亚拉巴马州亨茨维尔的美国国家航空航天局马歇尔太空飞行中心（Marshall Space Flight Center）开发并负责管理，他们可以提供全球范围内闪电密度和频率的精细化观测结果。这些传感器非常灵敏，即使在白天也能观测到闪电的发生。

马歇尔中心还参与了 2007 年横跨奥克拉荷马上空的闪电的长度测定工作，测定结果显示闪电达到了 321 千米。世界气象组织在 2016 年确认了这一纪录，同时还确认了单次闪电最长持续时间的纪录，它出现在 2012 年法国南部地区，其持续时间长达 7.74 秒。

• 本杰明·富兰克林的避雷针（1752 年）• 窥探危险的下击暴流（1975 年）
• "精灵闪电"的存在证据（1989 年）

2016 年，美国国家航空航天局对卫星图像进行的分析表明，在地形与气象条件的共同作用下，委内瑞拉的马拉开波湖成为世界上的"闪电之都"。

珊瑚礁遭受高温侵袭

　　在超过 2 亿年的时间里，世界上大部分热带珊瑚礁的动物珊瑚与某些藻类一直存在着互惠共生的关系。藻类附着在珊瑚虫的体内，通过光合作用，为其提供养分，而珊瑚则将代谢产生的废物排出以滋养藻类。科学家们研究发现，有藻类共生的珊瑚形成珊瑚礁的速度比没有藻类共生的珊瑚快十倍。

　　但当沿海水域出现持续的异常增温时，珊瑚便会将藻类排出体外，生物学家将这种现象称为珊瑚白化事件。大片的珊瑚礁变成白骨一般，如果这种情况持续足够长的时间，珊瑚就会死亡。2014 年，太平洋厄尔尼诺现象加上气候变化共同导致了海水普遍出现持续增温情况，引发了大面积的白化现象。然而这一切仅仅只是开始，和 1997—1998 年太平洋变暖一样，2015—2016 年的厄尔尼诺现象是近年来最强的一次，导致很多地区出现的白化现象持续恶化。

　　2017 年，美国国家海洋和大气管理局的珊瑚礁监测团队发布的报告指出，人类活动导致的全球变暖造成的海洋升温几乎可以肯定是造成这种大范围白化现象出现的原因，这是有史以来范围最广、持续时间最长的一次白化现象。

　　这次事件对澳大利亚的大堡礁地区造成了极其严重的破坏性影响，甚至连大堡礁最北端的区域也未能逃过一劫，根据科学家的说法，该区域在此之前从未出现过白化现象。

　　海洋生物学家强调，珊瑚具有极强的迅速恢复再生能力，比如珊瑚礁位于海洋深处的那部分目前仍然保持着健康状态。但这次事件持续时间如此之长，也让人们开始重新关注减少珊瑚礁受到其他方面的生存威胁的重要性，比如农业径流、未经处理的污水以及过度捕捞。切实加强对珊瑚的保护措施，才能将这丰富多彩的生态系统世世代代地延续下去。

（另参见）• 致命高温与"大灭绝"（公元前 2.52 亿年）• 全球变暖成为头条新闻（1988 年）

　　这是一张拍摄于 2016 年澳大利亚大堡礁最南端的照片，靠近苍鹭岛的珊瑚出现了白化现象。随着持续三年之久的全球珊瑚礁白化事件于 2017 年结束，科学家宣布这是迄今为止持续范围最广、情况最恶劣的一次白化现象。

冰河时代的终结

在 20 世纪 70 年代前后，各大新闻头条曾对全球逐渐走向寒冷这一灾难性的气候变化可能导致的可怕前景短暂地进行过讨论。一些科学家对近年来全球气温出现的波动进行评估后表示，自上一个冰河时代结束以来，已经度过了 1.1 万多年相对温暖的时期，但是另一个极度寒冷的时期可能即将到来。不过进一步的研究很快表明，目前出现的温度变化是一种正常的波动，而不是持续下降的开始。随后更多的研究指出，由于温室效应，冰河时代可能在 10 万年后完全终结。在 2000 年发表的一篇论文中，比利时科学家安德烈·伯杰（André Berger）和玛丽-弗朗斯·卢特（Marie-France Loutre）经过计算得出，日益增加的温室气体所导致的变暖效应会抵消因地球轨道摆动及自转所导致的降温效应，而这种降温效应正是过去多年内冰期与暖期交替出现的关键要素。

此后进行的科学研究给出了更多有力的证据，人类对气候的影响导致了持续数万年的气候变暖和海平面上升。

海洋学家马修·方丹·莫里（Matthew Fontaine Maury）于 1853 年组织海洋气象科学会议的两年后，出版了一本著作，在其中对人类与气候之间建立一种新的关系的意义做出了解释：

> 大气不仅仅是一个无边无际的海洋……这是一个取之不尽、用之不竭的资源库，奇迹般地适用于许多良性且有益的目的。这台机器能否正常运转取决于栖息在地球上每一种动植物的健康状况；因此，它的管理、运动和运作性能，都不能全凭运气。

目前核心的挑战就是，如何在满足人类活动能源需求量的同时降低出现最糟糕的气候状况的可能性。因此，在未来的天气和气候历史中更多里程碑式的事件将会出现，而这个故事也将继续书写下去。

• 地球轨道与冰河时代（1912 年）• 总统发出的气候警告（1965 年）• 设计气候?（2006 年）

这是一张拍摄于 2004 年格陵兰岛大冰原西侧的照片。科学家们已经计算出，人类活动产生的温室气体的长期累积几乎可以确认将会在未来数万年后也就是即将到来的下一次冰期时推迟该地区及其他地区冰川的增长速度。

致　谢

本书追溯了人类对气候系统的理解以及人类与气候系统之间的关系的发展过程。参考文献中列举了各个里程碑事件中我们选取的资料来源，但是在这里我们希望特别感谢一些为本书的编写提供了帮助与建议的人。斯宾塞·R.维特（Spencer R. Weart）博士，目前已从美国物理研究所物理史中心的管理岗位退休，长期以来一直从揭示人类在气候形成中的作用方面引导着我们的研究方向。他的著作《全球变暖的发现》（*The Discovery of Global Warming*），为我们提供了重要的参考依据。科尔比学院的詹姆斯·罗杰·弗莱明（James Rodger Fleming）教授利用他对气象历史的深厚知识友好又高效地对许多章节的内容提供了反馈意见。行星科学研究所的高级研究员大卫·格林斯布恩（David Grinspoon）博士和罗切斯特大学的天体物理学教授亚当·弗兰克（Adam Frank）博士对讲述早期地球气候故事的章节详细地进行了审查。当然，如果书中有任何错误和疏漏，是我们自身的责任。

本书还大量参考了美国气象学会、美国国家气象局、英国气象局，以及其他专注于天气和气候的联邦机构提供的在线档案资料。

我们非常感谢 Sterling 出版社的团队，尤其是梅尔迪斯·黑尔（Meredith Hale）编辑，他敏锐的眼光帮助我们避免好几处错误，使得我们在叙述如此多姿多彩的里程碑事件的过程中保持了一致的表达方式。斯泰西·斯坦博（Stacey Stambaugh）出色地完成了对我们搜集的艺术插图进行筛选的工作，并且在我们缺乏素材时，为我们找到了非常贴合主题的图片。此外，如果不是 Sterling 的科学编辑梅兰妮·麦登（Melanie Madden）在 2012 年首次取得联系后一直坚持不懈地与安德鲁·雷夫金保持联系并探讨思路，那么这本书也将不会存在。

贡献者

在完成这本书的过程中，我们很早就决定邀请一些具有专业知识的人员和学者对某些章节的撰写方面给予一定的支持。当我们决定从阐明地球大气和气候历史早期发展的年表开始入手时，我们认为将其中一部分工作交给霍华德·李（Howard Lee）是合情合理的。他拥有地质学和遥感学的双学位，同时也是《行星地球的生命历程：了解地球、气候与人类起源的新视角》（*Your Life as Planet Earth: A New Way to Understand the Story of the Earth, Its Climate and Our Origins*，2014）一书的作者，他还是伦敦地质学会的成员。在本书中，他主要撰写了地球历史最初的45.33亿年的部分章节和农业兴起的部分章节。

斯蒂芬·杰克逊（Stephen T. Jackson）博士，怀俄明大学植物学与生态学名誉教授，他负责撰写了介绍丹麦博物学家乔珀托斯·史汀史翠普（Japetus Steenstrup）的章节。他是美国生态学会和美国科学促进会的成员。杰克逊曾负

责编辑了亚历山大·冯·洪堡（Alexander von Humboldt）撰写的两本书《植物地理学随笔》（*Essay on the Geography of Plants*，芝加哥大学出版社，2009）和《自然观》（*Views of Nature*，芝加哥大学出版社，2014）的英文译本。

林恩·英格拉姆（B. Lynn Ingram）教授是一位擅长利用地质线索揭示过去的气候与天气事件的专家，负责撰写了加利福尼亚大洪水章节。她是加州大学伯克利分校的荣誉教授，曾与弗朗西斯·马拉默德-罗姆（Frances Malamud-Roam）合著了《无水的西部：昔日的洪水、干旱与其他气候线索给未来的启示》（*The West without Water: What Past Floods, Droughts, and Other Climate Clues Tell Us about Tomorrow*，加利福尼亚大学出版社，2013）一书。

约翰·施瓦茨（John Schwartz），得克萨斯州加尔维斯顿人，《纽约时报》资深记者、作家，负责撰写了描述他的家乡加尔维斯顿曾遭遇的"一场强大的风暴"章节。

根据其非常具有影响力的研究结果，库尔特·施塔格（Curt Stager）博士负责撰写了非洲的超级干旱章节。他是位于阿迪朗达克的保罗·史密斯学院的自然科学教授，他负责的实地工作侧重于过去，但同时也展望未来，例如在《遥远的未来：地球上未来 10 万年的生命》（*Deep Future: The Next 100 000 Years of Life on Earth*，圣马丁出版社，2011）一书中就有其相关方面出色工作的精彩阐释。

格雷姆·史蒂芬斯（Graeme L. Ste-phens）博士负责撰写了卢克·霍华德对云进行分类命名的相关章节，目前他在位于加利福尼亚州帕萨迪纳的美国宇航局喷气推进实验室的气候科学中心任管理岗位。

保罗·威廉姆斯（Paul D. Williams）博士负责撰写了关于路易斯·弗莱·理查森作为气候模式研究先驱的相关内容的章节。威廉姆斯教授的研究方向是大气科学，在雷丁大学气象系任职期间获得了英国皇家学会的 URF 计划 [1]（Royal Society University Research Fellow）资助。

202

参考文献

4.567 Billion BCE: Earth Gets an Atmosphere
Contributed by Howard Lee
Connelly, James N., Martin Bizzarro, Alexander N. Krot, Åke Nordlund, Daniel Wielandt, and Marina A. Ivanova. "The Absolute Chronology and Thermal Processing of Solids in the Solar Protoplanetary Disk." *Science*, Nov 2012. http://bit.ly/2vI0HGI.
Walsh, Kevin J., and Harold F. Levison. *Terrestrial Planet Formation from an Annulus*. The American Astronomical Society. Sept 2016. http://bit.ly/2vcDpXI.

4.3 Billion BCE: Water World
Contributed by Howard Lee
Valley, John W., et al. "Hadean age for a post-magma-ocean zircon confirmed by atom-probe tomography." *Nature Geoscience*, Feb 2014. http://go.nature.com/ 1q92mcM.
Zahnle, Kevin, Norman H. Sleep, et al. "Emergence of a Habitable Planet." *Space Science Reviews*, March 2007.

2.9 Billion BCE: Pink Skies and Ice
Contributed by Howard Lee
Dell'Amore, Christine, and Robert Kunzig. "Why Ancient Earth Was So Warm." *National Geographic*, July 2013. http://bit.ly/2uzQR4A.

2.7 Billion BCE: First Fossil Traces of Raindrops
Contributed by Howard Lee
Charnay, B., F. Forget, R. Wordsworth, J. Leconte, E. Millour, F. Codron, and A. Spiga. "Exploring the faint young Sun problem and the possible climates of the Archean Earth with a 3-D GCM." *Journal of Geophysical Research*, 19 Sept 2013 http://bit.ly/2uhMWK8.
Som, Sanjoy M., Roger Buick, James W. Hagadorn, Tim S. Blake, John M. Perreault, Jelte P.

Harnmeijer, and David C. Catling. "Earth's air pressure 2.7 billion years ago constrained to less than half of modern levels." *Nature Geoscience*, 09 May 2016. http://go.nature.com/2vFwQO7.

2.4 Billion–423 Million BCE: The Icy Path to Fire
Contributed by Howard Lee
Brocks, J. J., A. J. M. Jarrett, E. Sirantoine, F. Kenig, M. Moczydłowska, S. Porter, and J. Hope. "Early sponges and toxic protists: possible sources of Cryostane, an age diagnostic biomarker antedating Sturtian Snowball Earth." *Geobiology*, 28 Oct 2015. http://bit.ly/2vxvFRe.
Cole, Devon B., Christopher T. Reinhard, Xiangli Wang, Bleuenn Gueguen, Galen P. Halverson, Timothy Gibson, Malcolm S.W. Hodgskiss, N. Ryan McKenzie, Timothy W. Lyons, and Noah J. Planavsky. "A shale-hosted Cr isotope record of low atmospheric oxygen during the Proterozoic." *Geology*, 17 May 2016. http://bit.ly/2vFUpqf.

252 Million BCE: Lethal Heat and the Permian "Great Dying"
Contributed by Howard Lee
Bond, David P. G., Paul B. Wignall, Michael M. Joachimski, Yadong Sun, Ivan Savov, Stephen E. Grasby, Benoit Beauchamp, and Dierk P. G. Blomeier. "An abrupt extinction in the Middle Permian (Capitanian) of the Boreal Realm (Spitsbergen) and its link to anoxia and acidification." The Geological Society of America. 4 March 2015. http://bit.ly/1CLrmL4.
Sun, Yadong, Michael M. Joachimski, Paul B. Wignall, Chunbo Yan, Yanlong Chen, Haishui Jiang, Lina Wang, and Xulong Lai. "Lethally Hot Temperatures During the Early Triassic Greenhouse." *Science*, 19 Oct

2012. http://bit.ly/2vImded.

66 Million BCE: Dinosaurs' Demise, Mammals Rise

Contributed by Howard Lee

The Cenozoic Era. University of California Museum of Paleontology. 2008. http://bit.ly/1kLrPpD.

Petersen, Sierra V., Andrea Dutton, and Kyger C. Lohmann. "End-Cretaceous extinction in Antarctica linked to both Deccan volcanism and meteorite impact via climate change." *Nature Communications.* 05 July 2016. http://go.nature.com/2wmRSz3.

56 Million BCE: The Feverish Eocene

Contributed by Howard Lee

Alley, Richard B. "A heated mirror for future climate." *Science,* 08 Apr 2016. http://bit.ly/1STeLPY.

Harrington, Guy J., and Carlos A. Jaramillo. "Paratropical floral extinction in the Late Palaeocene–Early Eocene." *Journal of the Geological Society,* 23 June 2006. http://bit.ly/2hCMjcx.

34 Million BCE: A Southern Ocean Chills Things

Contributed by Howard Lee

Lear, Caroline H., and Dan J. Lunt. "How Antarctica got its ice." *Science.* 01 April 2016. http:// bit. ly/2vcKdou.

10 Million BCE: The Rise of Tibet and the Asian Monsoon

Hu, Xiumian, Eduardo Garzanti, Jiangang Wang, Wentao Huang, and Alex Webb. "The timing of India-Asia collision onset—Facts, theories, controversies." *ScienceDirect,* 29 July 2016. http://bit.ly/2vcEr6e.

Sun, Youbin, Long Ma, Jan Bloemendal, Steven Clemens, Xiaoke Qiang, and Zhisheng An. "Miocene climate change on the Chinese Loess Plateau: Possible links to the growth of the northern Tibetan Plateau and global cooling." *Geochemistry, Geophysics, Geosystems,* July 2015.

100,000 BCE: Climate Pulse Propels Populations

Irfan, Umair. "Climate Change May Have Spurred Human Evolution." *Scientific American,* 02 Jan 2013. http://bit.ly/2wAWeBI.

Maslina, Mark A., Chris M. Brierley, Alice M. Milner, Susanne Shultz, Martin H. Trauth, and Katy E. Wilson. "East African climate pulses and early human evolution." *Quaternary Science Reviews,* 12 June 2016. http://bit.ly/2uzfFcO.

deMenocal, Peter B., and Chris Stringer. "Human migration: Climate and the peopling of the world." *Nature,* 21 Sept 2016. http://go.nature.com/2dSJnCM.

15,000 BCE: A Super Drought

Contributed by Curt Stager

Stager, J. Curt, David B. Ryves, Brian M. Chase, and Francesco S. R. Pausata. "Catastrophic Drought in the Afro-Asian Monsoon Region During Heinrich Event 1." *Science,* 24 Feb 2011. http://bit.ly/2uz4Mrq.

9,700 BCE: The Fertile Crescent

"Did Climate Change Help Spark The Syrian War? Scientists Link Warming Trend to Record Drought and Later Unrest." The Earth Institute, Columbia University. 02 March 2015. http://bit.ly/2vcZkOQ.

Sharifi, Arash, Peter K. Swart et al. "Abrupt climate variability since the last deglaciation based on a high-resolution, multi-proxy peat record from NW Iran: The hand that rocked the Cradle of Civilization?" *Quaternary Science Reviews,* 01 Sept 2015. http://bit.ly/2vHNYnc.

5,300 BCE: North Africa Dries and the Pharaohs Rise

Allen, Susie, and William Harms. "World's oldest weather report could revise Bronze Age chronology." *UChicago News,* 01 April 2014. http://bit.ly/2hDfSKU.

deMenocal, Peter B., and J. E. Tierney. "Green Sahara: African Humid Periods Paced by Earth's Orbital Changes." *Nature Education Knowledge.* http://bit.ly/2vxsKb9.

5,000 BCE: Agriculture Warms the Climate

Contributed by Howard Lee

Ruddiman, W. F., et al. "Late Holocene climate: Natural or anthropogenic?" *Reviews of Geophysics,* March 2016. http://bit.ly/2vFMTeS.

Stanley, Sarah. "Early Agriculture Has Kept Earth Warm for Millennia." *Review of*

Geophysics, 19 Jan 2016. http://bit.ly/2vxtsp7.

350 BCE: Aristotle's *Meteorologica*
Aristotle. *Meteorologica*. Translated by E. W. Webster. Internet Classic Archives. http://www.ucmp.berkeley.edu/history/aristotle.html.

300 BCE: China Shifts from Mythology to Meteorology
Doggett, L. E. *Calendars*. NASA Goddard Space Flight Center.
Needham, Joseph. *Science and Civilization in China*. United Kingdom: Cambridge University Press, 2000.

1088 CE: Shen Kuo Writes of Climate Change
Edwards, Steven A., Ph.D. "Shen Kuo, the first Renaissance man?" American Association for the Advancement of Science. 15 March 2012. http://bit.ly/2uhgYOw.
"The first evidence for climate change." Geological Society of London blog. 03 March 2014.http://bit.ly/2fmjsIE

1100: Medieval Warmth to a Little Ice Age
Bradley, Raymond S., Heinz Wanner, and Henry F. Diaz. "The Medieval Quiet Period." *The Holocene*, 22 Jan 2016. http://bit.ly/2wmJC23.
Camenisch, Chantal, et al. "The 1430s: a cold period of extraordinary internal climate variability during the early Spörer Minimum with social and economic impacts in north-western and central Europe." *Climate of the Past*, 01 Dec 2016. http://bit.ly/2hgnYZx.

1571: The Age of Sail
"Naval history of China." Wikipedia. Accessed June 5, 2017. http://bit.ly/2uzhDdc.
"Winds of Change: Defeat of the Spanish Armada, 1588." *NASA Landsat Science*, 25 May 2017. https://go.nasa.gov/2uyVa03.

1603: The Invention of Temperature
Van Helden, Al. "The Thermometer." The Galileo Project. Rice University. 1995. http://bit.ly/2tVRRQa.
Williams, Matt. "What Did Galileo Invent?" *Universe Today*. Nov. 21, 2016. http://bit.ly/2fm7f6F.

1637: Deciphering the Rainbow
Butterworth, Jon. "How the rainbow illuminates the enduring mystery of physics." *Aeon*. Jan. 3, 2017. http://bit.ly/2vFVxKd.
Haußmann, Alexander. "Rainbows in nature: recent advances in observation and theory." *European Journal of Physics* 37, no. 6 (August 26, 2016). http://bit.ly/2fcCjRc.

1644: The Weight of the Atmosphere
O'Connor, J. J., and E. F. Robertson."Evangelista Torricelli." Nov 2002. http://bit.ly/2vHSUIO.
Williams, Richard. "October, 1644: Torricelli Demonstrates the Existence of a Vacuum Elegant physics experiment; enduring practical invention." *American Physical Society*, Oct 2012. http://bit.ly/2uhAGJH.

1645: A Spotless Sun
Degroot, Dagomar. "What was the Maunder Minimum? New Perspectives on an Old Question." Historicalclimatology.com. 9 June, 2016. http://bit.ly/1XSaxNK.
Meehl, Gerald A., Julie M. Arblaster, and Daniel R. Marsh. "Could a future 'Grand Solar Minimum' like the Maunder Minimum stop global warming?" *Geophysical Research Letters: An AGU Journal*, 13 May 2013. http://bit.ly/2hDAtPs.

1714: Fahrenheit Standardizes Degrees
Chang, Hasok. *Inventing Temperature: Measurement and Scientific Progress*. New York and Oxford: Oxford University Press, 2004.
Radford, Tim. "A Brief History of Thermometers." *The Guardian*, 06 Aug 2003. http://bit.ly/2hCODQT.
"Temperature and Temperature Scales." World of Earth Science. Encyclopedia.com. 04 Jun. 2017. http://www.encyclopedia.com/science/encyclopedias-almanacs- transcripts-and-maps/temperature-and-temperature-scales.

1721: Four Seasons on Four Strings
Ortiz, Edward. "Taking the World By Storm? Weather Inspired Music." *San Francisco Classical Voice*, 30 July 2013. http://bit.ly/1k6vH2T.
St. George, Scott, Daniel Crawford, Todd Reubold, and Elizabeth Giorgi. "Making

Climate Data Sing: Using Music-like Sonifications to Convey a Key Climate Record." *American Meteorological Society.* Jan 2017. http://bit.ly/2uikPip.

1735: Mapping the Winds
"Meteorology/Edmond Halley, 1656–1742." Princeton University. http://bit.ly/1xcs6cZ.
Persson, Anders O. "Hadley's Principle: Understanding and Misunderstanding the Trade Winds." 2006.

1752: Benjamin Franklin's Lightning Rod
"Franklin's Lightning Rod." The Franklin Institute. 2017. http://bit.ly/1TFjJlr.
"The Kite Experiment, 19 October 1752." Founders Online, National Archives, last modified 30 March 2017. http://bit.ly/2s59f7a.
Krider, E. Philip. "Benjamin Franklin and the First Lightning Conductors." *Proceedings of the International Commission on History of Meteorology.* Volume 1 (2004).

1755: Franklin Chases a Whirlwind
Heidorn, Keith C., Ph.D. "Benjamin Franklin: The First American Storm Chaser." *The Weather Doctor,* 1998. http://bit.ly/2wALqDT.

1783: First Weather Balloon Flight
"A Brief History of Upper Air Observations." NOAA National Weather Service. http://bit.ly/2wAWPUj.
Léon Teisserenc de Bort. Encyclopedia Brittanica, Inc. http://bit.ly/2fmfPlZ.

1792: *The Farmer's Almanac*
Hale, Justin. "Predicting Snow for the Summer of 1816, The Year Without a Summer." *The Old Farmer's Almanac.* http://bit.ly/2vGjFfO.
"History of the Old Farmer's Almanac. The Almanac Editors' Legacies." *The Old Farmer's Almanac.* http://bit.ly/2hBH8cG.

1802: Luke Howard Names the Clouds
Contributed by Graeme L. Stephens
Howard, Luke. *Essay on the Modifications of Clouds.* London: Churchill & Sons, 1803. http://bit.ly/1IAJdpS.
Stephens, Graeme L. "The Useful Pursuit of Shadows." *American Scientist,* Sept 2003.

1802: Humboldt Maps a Connected Planet
Von Humboldt, Alexander, and Aimé Bonpland. *Essay on the Geography of Plants,* edited by Stephen L Jackson. Translated by Sylvie Romanowski. Chicago: University of Chicago Press, 2009.
Wulf, Andrea. *The Invention of Nature: Alexander von Humboldt's New World.* New York: Alfred A. Knopf, 2015.

1806: Beaufort Classifies the Winds
"Beaufort Wind Scale." NOAA. https://www.weather.gov/mfl/beaufort.
"Wind Measurements." Weather for Schools. http://bit.ly/2vIppGJ.

1814: London's Last Frost Fair
de Castella, Tom. "Frost fair: When an elephant walked on the frozen River Thames." *BBC News Magazine,* 8 Jan 2014. http://bbc.in/2cxo4o2.
Johnson, Ben. "The Thames Frost Fairs." *Historic U.K.,* 2017. http://bit.ly/1CMxgyj.

1816: An Eruption, Famine, and Monsters
Buzwell, Greg. "Mary Shelley, *Frankenstein* and the Villa Diodati." *British Library,* 15 May 2014. http://bit.ly/2myuQk0.
Cavendish, Richard. "The eruption of Mount Tambora." *History Today,* April 2015. http://bit.ly/1r7PfgO.
Evans, Robert. "The eruption of Mount Tambora killed thousands, plunged much of the world into a frightful chill and offers lessons for today." *Smithsonian,* July 2002. http://bit.ly/1sPH2gw.

1818: Watermelon Snow
Edwards, Howell G.M., Luiz F.C. de Oliveira, Charles S. Cockell,J. Cynan Ellis-Evans, and David D. Wynn-Williams. "Raman spectroscopy of senescing snow algae: pigmentation changes in an Antarctic cold desert extremophile." *International Journal of Astrobiology,* April 2004.
Frazer, Jennifer. "Wonderful Things: Don't Eat the Pink Snow." *Scientific American,* 9 July 2013. http://bit.ly/2hBHJuW.

1830: An Umbrella for Everyone
"Samuel Fox, Bradwell's Most Famous Son." The Samuel Fox Country Inn. http://bit.ly/2vcH8ov.

Sangster, William. *Umbrellas and their History.* London: Oxford University Press. Published online by Project Gutenberg. http://bit.ly/2uicET0.

1840: Ice Ages Revealed
Bressan, David. "The discovery of the ruins of ice: The birth of glacier research." *Scientific American*, 03 Jan 2011. http://bit.ly/2gFkR87.
Reebeek, Holli. "Paleoclimatology: Introduction." NASA Earth Observatory. 28 June 2005. https://go.nasa.gov/2uiA0YE.
Summerhayes, C. P. *Earth's Climate Evolution.* Wiley Blackwell, 2015. http://bit.ly/1N5QQId.

1841: Peat Bog History
Contributed by Stephen Jackson
Jackson, Stephen T., and Dan Charman. "Editorial: Peatlands—paleoenvironments and carbon dynamics." *PAGES News*, April 2010. http://bit.ly/2uzpFmo.

1845: Cold Dooms an Arctic Explorer
Revkin, Andrew C. "Where Ice Once Crushed Ships, Open Water Beckons." *The New York Times*, 24 Sept 2016. http://nyti.ms/2fmrhOD.
"Study offers new insights to the Franklin Expedition mystery." University of Glasgow. *University News*, 22 Sept 2016. http://bit.ly/2vFZNcX.
Watson, Paul. *Ice Ghosts: The Epic Hunt for the Lost Franklin Expedition.* New York: W. W. Norton & Company, 2017.

1856: Scientists Discover Greenhouse Gases
Darby, Megan. "Meet the woman who first identified the greenhouse effect." *Climate Home*, 09 Feb 2016. http://bit.ly/2c5Bqsb.
Wogan, David. "Why we know about the greenhouse gas effect." *Scientific American*, 16 May 2013. http://bit.ly/2veIuxb.

1859: Space Weather Comes to Earth
Moore, Nicole Casal. "Solar storms: Regional forecasts set to begin." University of Michigan. *Michigan News*, 28 Sept 2016. http://bit.ly/2uiIxuQ.
Orwig, Jessica. "The White House is prepping for a single weather event that could cost $2 trillion in damage." *Business Insider*, 06 Nov 2015. http://read.bi/1NhjPs6.
Philips, Dr. Tony. "Near Miss: The Solar Superstorm of July 2012." NASA. 23 July
2014. https://go.nasa.gov/2wmF7EJ.

1861: First Weather Forecasts
Corfidi, Stephen. "A Brief History of the Storm Prediction Center." NOAA. 12 Feb 2010. http://www.spc.noaa.gov/history/early.html.
"Robert FitzRoy and the Daily Weather Reports." Met Office. Last updated 4 May 2016. http://bit.ly/2hCu3zT.

1862: California's Great Deluge
Contributed by B. Lynn Ingram
Ingram, B. Lynn. "California Megaflood: Lessons from a Forgotten Catastrophe." *Scientific American*, 01 Jan 2013. http://bit.ly/2jk7lMI.

1870: Meteorology Gets Useful
"History of the National Weather Service." NOAA National Weather Service. http://www.weather.gov/timeline.
"WFO Juneau's and National Weather Service History." NOAA National Weather Service. weather.gov/ajk/OurOffice-History.

1871: Midwestern Firestorms
"1871 Massive fire burns in Wisconsin." *History*, 2009. http://bit.ly/2veA0WX.
Pernin, Peter. "The great Peshtigo fire: an eyewitness account." Madison: State Historical Society of Wisconsin, 1971. http://bit.ly/2vcBnXU.
"The Peshtigo Fire." NOAA National Weather Service. https://www.weather.gov/grb/peshtigofire.

1880: "Snowflake" Bentley
Blanchard, Duncan C. "The Snowflake Man." *Weatherwise*, 1970. http://snowflakebentley.com/sfman.htm.
"Wilson A. Bentley: Pioneering Photographer of Snowflakes." Smithsonian Institution Archives. http://s.si.edu/2vG0Cm3.

1882: Coordinating Arctic Science
"History of the Previous Polar Years." *Internationales Polarjahr*, 2006. http://bit.ly/2uzHL7N.
Revkin, Andrew. *The North Pole Was Here: Puzzles and Perils at the Top of the World.* Boston: Kingfisher, 2006.

1884: First Photographs of Tornadoes
Potter, Sean. "Retrospect:
April 26, 1884: Earliest Known Tornado
Photograph." *WeatherWise*, March–April
2010. http://bit.ly/2uhFzTi.
Snow, John T. "Early Tornado Photographs."
*Journal of the American Meteorological
Society*, April 1984. http://
bit.ly/2vFYkU0.

1886: Groundhog Day
"About Groundhog Day." Website of the
Punxsutawney Groundhog Club. http://bit.
ly/1tsVlsf.
"Groundhog Day." NOAA National Centers for
Environmental Information. http://bit.ly/
1KgpLX2.
Wordle, Lisa. "How often is Punxsutawney
Phil right? Analysis of Groundhog Day
predictions since 1898." PennLive website. 30
Jan 2017. http://bit.ly/2k2VSRg.

1887: Putting Wind to Work
"History of Wind Energy." Wind Energy
Foundation. 2016.
Price, Trevor J. "Britain's First Modern Wind
Power Pioneer." *Wind Engineering Journal*,
01 May 2005.

1888: The Great White Hurricane
"Major Winter Storms." NOAA National
Weather Service. http://www.weather.gov/aly/
MajorWinterStorms.

1888: Deadliest Hailstorm
"Highest Mortality Due to Hail." World
Meteorological Organization's World
Weather & Climate Extremes Archive. 2017.
http://bit.ly/2vI7bp0.
"Roopkund Lake's skeleton mystery solved!
Scientists reveal bones belong to 9th century
people who died during heavy hail storm."
India Today, 31 May 2013. http://bit.
ly/2vxcaZ0.

1896: First International Cloud Atlas
"International Cloud Atlas
Manual on the Observation of Clouds and
Other Meteors." World Meteorological
Organization website. https://www.
wmocloudatlas.org/.
MacLellan, Lila. "Amateur cloud-spotters
lobbied to add this beautiful new cloud
to the International Cloud Atlas." *Quartz*,

March 2017. http://bit.ly/2mCus7A.

1896: Coal, CO₂, and the Climate
Fleming, James Rodgers. *Historical Perspectives
on Climate Change*. New York: Oxford
University Press, 1998.
Weart, Spencer R. *The Discovery of Global
Warming*. Boston: Harvard University Press,
2008. http://history.aip.org/climate/.

1900: A Mighty Storm
The 1900 Storm. Published in conjunction with
the City of Galveston 1900 Storm Committee.
2014 Galveston Newspapers Inc. All rights
reserved. http://www.1900storm.com/.

1902: "Manufactured Weather"
Buchanan, Matt. "An Apparatus for Treating
Air: The Modern Air Conditioner." *The New
Yorker*, 05 June 2013. http://bit.ly/2vcKqYy.
"History of Air Conditioning." Department
of Energy. 20 July 2015. https://energy.gov/
articles/history-air-conditioning.
"The Invention that Changed the World." Willis
Carrier website. http://www.williscarrier.
com/1876–1902.php.

1903: The Windshield Wiper
Anderson, Mary. *U.S. Patent
No. 743,801: Window-cleaning device*. U.S.
Patent and Trademark Office. 18 June 1903.
https://www.google.com/patents/US743801.
Slater, Dashka. "Who Made That Windshield
Wiper?" *The New York Times Magazine*, 12
Sept 2014.

1903: A Dry Discovery
Bortman, Henry. "A Tale of Two Deserts."
Astrobiology Magazine, 18 April 2011.
http://bit.ly/2uzjlvk.
Khan, Alia. "Exploring the Dry Valleys, Then
and Now." *The New York Times*, 21 Dec 2011.
http://nyti.ms/2uhjhkw.

1911: The Great Blue Norther
Samenow, Jason. "Wild rides: the 11/11/11
Great Blue Norther and the largest wave ever
surfed." *The Washington Post*, 11 Nov 2011.
University Of Missouri staff. "MU Scientists
Detail Cause of 1911 Storm." KOMU. 07 Nov
2011. http://bit.ly/2wn4LZY.

1912: Orbits and Ice Ages

Croll, James. *Climate and time in their geological relations; a theory of secular changes of the earth's climate.* New York: D. Appleton, 1875. http://bit.ly/2uzamKu.

Weart, Spencer R. "Past Climate Cycles: Ice Age Speculations." *The Discovery of Global Warming,* updated Jan 2017. https://history. aip.org/climate/cycles.htm.

1922: A "Forecast Factory"

Contributed by Paul D. Williams

Lynch, Peter. "The origins of computer weather prediction and climate modeling." *Journal of Computational Physics,* 20 March 2008.

Richardson, Lewis Fry. *Weather prediction by numerical process.* Cambridge, MA: Cambridge University Press, 1922.

1931: "China's Sorrow"

Chen, Yunzhen, James P. M. Syvitski, Shu Gao, Irina Overeem, and Albert J. Kettner. "Socio-economic Impacts on Flooding: A 4000-Year History of the Yellow River." *China Ambio,* Nov 2012. http://bit.ly/2icuxgl.

Hudec, Kate. "Dealing with the Deluge." NOVA, 26 March 1996. http://to.pbs. org/2vG9E2d.

Wang, Shuai, Bojie Fu, Shilong Piao, Yihe Lü, Philippe Ciais, Xiaoming Feng, and Yafeng Wang. "Reduced sediment transport in the Yellow River due to anthropogenic changes." *Nature Geoscience,* 30 Nov 2015. http:// go.nature.com/2flWtgY.

1934: The Fastest Wind Gust

"World: Maximum Surface Wind Gust." World Meteorological Organization's World Weather & Climate Extremes Archive. http:// bit.ly/2vIdwRg.

"World Record Wind." Mt. Washington Observatory. http://bit.ly/1AbMVoC.

1935: The Dust Bowl

"The Black Sunday Dust Storm of April 14, 1935." NOAA National Weather Service. http://bit.ly/2vHKKAl.

Cook, Ben, Ron Miller, and Richard Seager. "Did dust storms make the Dust Bowl drought worse?" The Trustees of Columbia University in the City of New York, Lamont-Doherty Earth Observatory. 2011.

1941: Russia's "General Winter"

Hitler's Table Talk, 1941–1944: His Private Conversations. Translated by Norman Cameron and R. H. Stevens. New York: Enigma Books, 2008.

Roberts, Andrew. *The Storm of War.* United Kingdom: Telegraph Books. 6 Aug 2009.

1943: Hurricane Hunters

Fincher, Lew, and Bill Read. "The 1943 surprise hurricane." NOAA History. April 2017. http://bit.ly/1D48iOc.

"Frequently asked Questions." The Hurricane Hunters Association. http://www. hurricanehunters.com/faq.htm.

"The Lost Hurricane/Typhoon Hunters: In Memoriam." *Weather Wunderground,* April 2017. http://bit.ly/2uhJwr1.

1944: The Jet Stream Becomes a Weapon

Hornyak, Tim. "Winds of war: Japan's balloon bombs took the Pacific battle to American soil." *Japan Times,* 25 July 2015.

Lewis, John M. "Ōishi's Observation Viewed in the Context of Jet Stream Discovery." *Bulletin of the American Meteorological Society.* March 2003. http://bit.ly/2uihfEW.

1946: Rainmakers

Fleming, James Rodger. *Fixing the Sky: The Checkered History of Weather and Climate Control.* New York: Columbia University Press, 2010.

Moseman, Andrew. "Does cloud seeding work? China takes credit for the storms now bringing a reprieve from severe drought, but is that claim valid?" *Scientific American,* 19 Feb 2009. http://bit.ly/2uiOfNc.

1950: The First Computerized Forecast

"Electronic Computer Project." Institute for Advanced Study. 2017. https://www.ias.edu/ electronic-computer-project.

Lynch, Peter. "The Origins of Computer weather Prediction and Climate Modeling." *Journal Of Computational Physics,* 19 March 2007. http://bit.ly/2vI8zba.

1950: Tornado Warnings Advance

Angel, Jim. "60th Anniversary of the First Tornado Detected by Radar." *Illinois State Climatologist,* 09 April 2013. http://bit. ly/2wmDBCp.

Smith, Mike. *Warnings: The True Story of How*

Science Tamed the Weather. Greenleaf Book Group, 2010.

1952: London's Great Smog
"The Great Smog of 1952." Met Office web page. 20 April 2015. http://bit.ly/1OVCbTO.

1953: North Sea Flood
Weesjes, Elke. "The 1953 North Sea Flood in the Netherlands, Impact and Aftermath." *Natural Hazards Observer*, 28 Sept 2015. http://bit.ly/2vGlQzU.

1958: The Rising Curve of CO₂
"The Keeling Curve." Scripps Institution of Oceanography. https://scripps.ucsd.edu/programs/keelingcurve/.
Weart, Spencer. *The Discovery of Global Warming*. Boston: Harvard University Press, 2008.

1960: Watching Weather from Orbit
Alfred, Randy. "April 1, 1960: First Weather Satellite Launched." *Science*, 04 Jan 2008. http://bit.ly/2fmMwQr.
"NOAA's GOES-16 satellite sends first images of Earth; Higher-resolution details will lead to more accurate forecasts." NOAA. 23 Jan 2017. http://bit.ly/2jQhzUD.

1960: Chaos and Climate
Dizikes, Peter. "When the Butterfly Effect Took Flight." *MIT Technology Review*, 22 Feb 2011. http://bit.ly/2tOmXdM.
Fleming, James Rodger. *Inventing Atmospheric Science*. Cambridge, MA: MIT Press, 2016.
Gleick, James. *Chaos: Making a New Science*. New York: Viking, 1987.
Lorenz, Edward N., Sc.D. "Does the Flap of a Butterfly's wings in Brazil set off a Tornado in Texas?" American Association for the Advancement of Science, 139th meeting. 29 March 1972. http://bit.ly/1eUrMno.

1965: A President's Climate Warning
Johnson, Lyndon Baines. "Special Message to Congress on Conservation and Restoration of Natural Beauty." 08 Feb 1965. http://bit.ly/2k3XrzX.
Lavelle, Marianne. "A 50th anniversary few remember: LBJ's warning on carbon dioxide." *The Daily Climate*, 02 Feb 2015. http://bit.ly/1uQSeFX.

1967: Climate Models Come of Age
Pidcock, Roz. "The most influential climate change papers of all time." *Carbon Brief*, 06 July 2015. http://bit.ly/2qnb8wG.
"Validating Climate Models." National Academy of Sciences. 2012. http://bit.ly/2vxq3Gs.

1973: Storm Chasing Gets Scientific
Czuchnicki, Cammie. "History of Storm Chasing." Royal Meteorological Society. http://bit.ly/2wB2XMf.
Golden, Joseph H., and Daniel Purcell. "Life Cycle of the Union City, Oklahoma Tornado and Comparison with Waterspouts." *Monthly Weather Review*, Jan 1978.

1975: Dangerous Downbursts Revealed
Fujita, T. Theodore. "Tornadoes and Downbursts in the Context of Generalized Planetary Scales." *Journal of Atmospheric Sciences*, Aug 1981. http://bit.ly/2wmZSjs.
Henson, Bob. "Tornadoes, Microbursts, and Silver Linings: How the Jumbo Outbreak of 1974 helped lead to safer air travel." *AtmosNews*, 01 April 2014. http://bit.ly/2wAYg53.

1978: Sea Level Threat in Antarctic Ice
Mercer, J. H. "West Antarctic ice sheet and CO₂ greenhouse effect: a threat of disaster." *Nature*, 26 Jan 1978. http://go.nature.com/2fmNonY.

1983: The Coldest Place on Earth
Woo, Marcus. "New Record for Coldest Place on Earth, in Antarctica." *National Geographic Magazine*, 11 Dec 2013. http://bit.ly/2wmRRv3.

1983: Nuclear Winter
Revkin, Andrew. "Hard Facts About Nuclear Winter." *Science Digest*, March 1985. j.mp/nuclearwinter85.
Turco, R. P., O. B. Toon, T. P. Ackerman, J. B. Pollack, and Carl Sagan. "Nuclear Winter: Global Consequences of Multiple Nuclear Explosions." *Science*, 23 Dec 1983. http://bit.ly/2vIiddS.

1986: Forecasting El Niño
Krajick, Kevin. "Mark Cane, George Philander, Win 2017 Vetlesen Prize."

Center for Climate and Life, Columbia
University. 26 Jan 2017.

McPhaden, Michael. "Predicting
El Niño Then and Now." NOAA. 03 April
2015. http://bit.ly/2hBXulA.

1988: Global Warming Becomes News
Revkin, Andrew. "Endless Summer: Living with
the Greenhouse Effect." *Discover,* Oct 1988.
j.mp/greenhouse88.

1989: Proof of Electric "Sprites"
Fecht, Sarah. "What Is a Red Sprite? Ghost?
Alien? Carbonated beverage?"*Popular
Science,* 25 Aug 2015. http://www.popsci.
com/what-red-sprite.

Rozell, Ned. "Alaska scientist leaves colorful
legacy." University of Alaska, Fairbanks,
Geophysical Institute. 01 Feb 2012. http://
bit.ly/2uzidYE.

1993: Climate Clues in Ice and Mud
Alley, Richard B. *The Two-Mile Time Machine:
Ice Cores, Abrupt Climate Change, and Our
Future.* Princeton, NJ: Princeton University
Press, updated 2014.

Riebeek, Holli. "Paleoclimatology: The Ice
Core Revealed."NASA Earth Observatory.
19 Dec 2005. https://go.nasa.gov/2hDO758.

**2006: The Human Factor in Weather
Disasters**
Emanuel, Kerry, et al. "Statement on the U.S.
Hurricane Problem." Website of Professor
Kerry Emanuel, MIT. 25 July 2006. http://bit.
ly/2uzDq4r.

Revkin, Andrew C. "Climate Experts Warn of
More Coastal Building." *The New York Times,*
25 July 2006.

2006: Climate by Design?
Fleming, James Rodger. *Fixing the Sky: The
Checkered History of Weather and Climate
Control.* New York: Columbia University
Press, 2010.

Temple, James. "Harvard Scientists
Moving Ahead on Plans for Atmospheric
Geoengineering Experiments." *MIT
Technology Review,* 24 March 2017. http://
bit.ly/2wAXkxJ.

2006: Long-Distance Dust
Dunion, Jason P., and Christopher S. Velden.
"The Impact of the Saharan Air Layer on

Atlantic Tropical Cyclone Activity." American
Meteorological Society. *Journals Online,*
01 March 2004. http://bit.ly/2veKF3S.

Kaplan, Sarah. "How dust from the Sahara fuels
poisonous bacteria blooms in the Caribbean."
The Washington Post, 11 May 2016. http://
wapo.st/2fnsxAP.

2007: Tracking the Oceans' Climate Role
The Argo Project. University of California, San
Diego. http://www.argo.ucsd.edu/.

Evolution of Physical Oceanography. Edited
by Bruce A. Warren and Carl Wunsch.
Cambridge, MA: MIT Press, 1981.

2012: Science Probes the Political Climate
Kahan, Dan M., Ellen Peters, Maggie Wittlin,
Paul Slovic, Lisa Larrimore Ouellette, Donald
Braman, and Gregory Mandel. "The polarizing
impact of science literacy and numeracy
on perceived climate change risks." *Nature
Climate Change,* 27 May 2012.

2013: Settling a Hot Debate
El Fadli, Khalid I., Randall S. Cerveny,
Christopher C. Burt, Philip Eden, David
Parker, Manola Brunet, Thomas C. Peterson,
Gianpaolo Mordacchini, Vinicio Pelino,
Pierre Bessemoulin, José Luis Stella, Fatima
Driouech, M. M Abdel Wahab, and Matthew
B. Pace. "World Meteorological Organization
Assessment of the Purported World Record
58°C Temperature Extreme at El Azizia,
Libya (13 September 1922)." American
Meteorological Society. Feb 2013.

Samenow, Jason. "Two Middle East locations
hit 129 degrees, hottest ever in Eastern
Hemisphere, maybe the world." *The
Washington Post,* 22 July 2016. http://wapo.
st/2wBbNJE.

2014: The Polar Vortex
Kennedy, Caitlyn. "Wobbly polar vortex
triggers extreme cold air outbreak." NOAA. 8
Jan 2014. http://bit.ly/2vHXff3.

Wiltgen, Nick. "Deep Freeze Recap: Coldest
Temperatures of the Century for Some."
Weather.com. Accessed 10 Jan 2014. http://
wxch.nl/2wmXbyr.

**2015: Climate Diplomacy from Rio through
Paris**
Revkin, Andrew C. "The Climate Path Ahead."
The New York Times, Sunday Review, 12 Dec

2015. http://nyti.ms/2vxNmQJ.

2016: Arctic Sea Ice Retreat
Fetterer, Florence. "Piecing together the Arctic's sea ice history back to 1850." *Carbon Brief*, 11 Aug 2016. http://bit.ly/2byE5fC.

2016: Extreme Lightning
Lang, Timothy J., Stéphane Pédeboy, William Rison, Randall S. Cerveny, Joan Montanyà, Serge Chauzy, Donald R. MacGorman, Ronald L. Holle, Eldo E. Ávila, Yijun Zhang, Gregory Carbin, Edward R. Mansell, Yuriy Kuleshov, Thomas C. Peterson, Manola Brunet, Fatima Driouech, and Daniel S. Krahenbuhl. "WMO World Record Lightning Extremes: Longest Reported Flash Distance and Longest Reported Flash Duration." American Meteorological Society. June 2017. http://bit.ly/2cPQQpz.

2017: Reefs Feel the Heat
"Climate Change Threatens the Survival of Coral Reefs." ISRS Consensus Statement on Climate Change and Coral Bleaching. Oct 2015. http://bit.ly/1MGCoWh.
NOA Satellite and Information Service. Coral Reef Watch. https://coralreefwatch.noaa.gov.

102,018 CE: An End to Ice Ages?
Archer, David. *The Long Thaw: How Humans Are Changing the Next 100,000 Years of Earth's Climate*. Princeton, NJ: Princeton University Press, 2008.
Loutre, M. F., and A. Berger. "Future climatic changes: are we entering an exceptionally long interglacial?" *Climatic Change*, July 2000.

图片版权

Cover: Joshua Stevens, using data from the NASA-NOAA GOES project/NASA Earth Observatory (front); Kansas State Historical Society (back top left); SC-HART/South Carolina Army National Guard (back top right); Fernando Flores from Caracas, Venezuela/Courtesy Wikimedia Commons (back bottom right); Fine Arts Museums of San Francisco/Courtesy Wikimedia Commons (back bottom left)

AKG: © Pictures From History: 34

Arvor: Olivier Dugornay at IFREMER: 182

Alamy: Art Collection 3: 50; ClassicStock: 114; Design Pics Inc: 30; dpa picture alliance archive: 80; Everett Collection Historical: 24; Bob Gibbons: 72; NASA Photo: 188; Pictorial Press Ltd: 110; The Print Collector: 44; World History Archive: 56, 82

© Prof. Dr. Wladyslaw Altermann: 6

Bridgeman Art Library: 63; Photo © Christie's Images: 48

© Stephen Conlin 1986: 124

FEMA: George Armstrong: 142; Dave Gatley: 168

Flickr: Jason Ahrns: 172; Yann Caradec: 190

© JerryFergusonPhotography.com/ Chopperguy Photographer Jerry Ferguson and Pilot Andrew Park: 160

Getty Images: © Adrian Dennis/APF: 184; © Bettmann: 92, 100, 104, 146; © DeAgostini: 86; © Monty Fresco: 144; © Herbert Gehr/ The LIFE Picture Collection: 138

Internet Archive: 76
iStock: © Hailshadow: 18; © phototropic: 28; © w-ings: 78

Kansas State Historical Society: 98

Alan Kennedy/University of Bristol: 16

Hansueli Krapf: 170

LBJ Library: Frank Wolfe: 154

© Howard Lee: 2

Library of Congress: 112, 192

Metropolitan Museum of Art: 32, 94

© 1997 Christopher J. Morris: 128

NASA: 22, 122, 152, 164, 166, 180; Goddard/ SORCE: 46; JPL-Caltech: xii; Jim Yungel: 162

National Ice Core Lab: Made available by Eric Cravens, Assistant Curator: 174

National Museum of the US Navy: 136

National Science Foundation: 118; Nicolle Rager Fuller: 156

NOAA: 130; US Department of Commerce: 58, 158

The Ocean Agency: © Richard Vevers/ XL Catlin Seaview Survey: 196

PNAS: from Vol 112, no. 41, "Strong upslope shifts in Chimborazo's vegetation over two centuries since Humboldt" by Naia Morueta-Holme, Kristine Engemann, Pablo Sandoval-Acuña, Jeremy D. Jonas, R. Max Segnitz, and Jens-Christian Svenning: 64

Princeton University Library: 52

Private Collection: 120, 134
Science Source: 150; © Chris Butler: 8; © Henning Dalhoff: 4; © Tom McHugh: 14; © Detlev van Ravenswaay: 12

Courtesy Andrew Revkin: 66, 198

David Rumsey Historical Map Collection: 90

Scripps Institution of Oceanography
at UC San Diego: 148

Shutterstock.com: Jim Cole/AP/REX: 60

Smithsonian American Art Museum: 84

South Carolina Army National
Guard: SC-HART: ix

US Air Force: Master Sgt. Mark Olsen: 176

US Army: 140

USGS: 10

USPTO: 116

© Sandro Vannini: 26

Wellcome Library, London: 40

The Western Reserve Historical Society: 102

Courtesy Wikimedia Foundation: 30, 38,
132; Ashokyadav739: 106; Bertie79: 178; Fine
Arts Museums of San Francisco: 42; Fernando
Flores from Caracas, Venezuela: 194; IPY
scientific community: 96; Jtrombone: 108;
Leruswing: 126; Louvre: 70; Wolfgang Moroder:
186; National Gallery: 74; National Museum
of Western Art: 36; Philadelphia Museum of
Art: 54; UC Berkeley, Bancroft Library: 88

Yale Center for British Art: 68

关于作者

　　安德鲁·雷夫金（Andrew Revkin）是荣获普利策奖的非营利性新闻编辑机构 ProPublica 的气候及相关事宜的高级记者。他撰写自然科学与环境问题的相关文章已经超过了三十年，文章内容几乎涉及全球各个区域，他平时主要为《纽约时报》提供稿件。他多次获得科学新闻领域的最高奖项，此外还曾荣获古根海姆奖（Guggenheim Fellowship）。雷夫金撰写了很多广受好评的书，内容涉及全球变暖、北极圈正在发生的变化以及亚马孙雨林遭受的灾难性破坏等。他在《纽约时报》上开通的博客"Dot Earth"在 2013 年被《纽约时报》杂志评为 25 大博客之一，雷夫金借助他的博客向世界各地的读者讲述了地球这个动荡的星球的发展演化历程。年轻时，他曾驾船航行经过了地球上三分之二的地区，途中经历过海龙卷也经历过怒号的狂风。在业余时间，他是一个擅长演奏的曲作家，并经常作为皮特·西格（Pete Seeger）的伴奏者共同进行演出。有两部电影根据他的作品改编而成：《摇滚明星》（Rock Star，华纳兄弟，2001）和《燃烧的季节》（The Burning Season，HBO，1994）。《燃烧的季节》由劳尔·朱力亚主演，获得了两项艾美奖（Emmy Awards）和三项金球奖（Golden Globes）。

　　丽莎·梅查莉（Lisa Mechaley）是儿童环境教育基金会（Children's Environmental Literacy Foundation，CELF）的一名教育工作者，曾任哈德逊高地自然博物馆（Hudson Highlands Nature Museum）的教育主管、某中学自然科学教师。这本书是她与安德鲁·雷夫金结婚 21 年来合著的第一本书。

图书在版编目（CIP）数据

气象之书 / （美）安德鲁·雷夫金（Andrew Revkin），
（美）丽莎·梅查莉（Lisa Mechaley）著；王凯译 . ——
重庆：重庆大学出版社，2021.8（2022.12 重印）
（里程碑书系）
书名原文：Weather : An Illustrated History
ISBN 978-7-5689-2580-8

Ⅰ . ①气… Ⅱ . ①安… ②丽… ③王… Ⅲ . ①气象学
－普及读物 Ⅳ . ① P4-49

中国版本图书馆 CIP 数据核字 (2021) 第 032711 号

© 2018 by Andrew Revkin

Originally published in 2018 in the United States
by Sterling, an imprint of Sterling Publishing
Co., Inc., under the title: *Weather: An Illustrated
History*. This edition has been published by
arrangement with Sterling Co., Inc., 1166 Avenue
of the Americas, New York, NY, USA, 10036
through the Andrew Nurnberg Agency.

版贸核渝字（2018）第 014 号

气象之书
QIXIANG ZHI SHU

[美] 安德鲁·雷夫金　丽莎·梅查莉　著
王凯　译

策划编辑　王思楠　　责任编辑　龙云飞
责任校对　姜　凤　　装帧设计　鲁明静
责任印制　张　策　　内文制作　常　亭

重庆大学出版社出版发行
出版人：饶帮华
社址：（401331）重庆市沙坪坝区大学城西路 21 号
网址：http://www.cqup.com.cn
印刷：重庆升光电力印务有限公司

开本：880mm×1230mm　1/32　印张：7.25　字数：235 千
2021 年 8 月第 1 版　　2022 年 12 月第 3 次印刷
ISBN 978-5689-2580-8　定价：78.00 元

本书如有印刷、装订等质量问题，本社负责调换
版权所有，请勿擅自翻印和用本书制作各类出版物及配套用书，违者必究

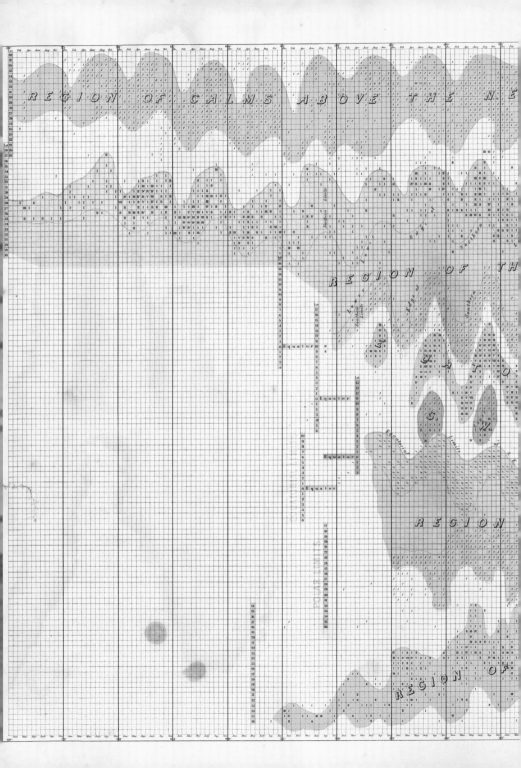